Couverture inférieure manquante

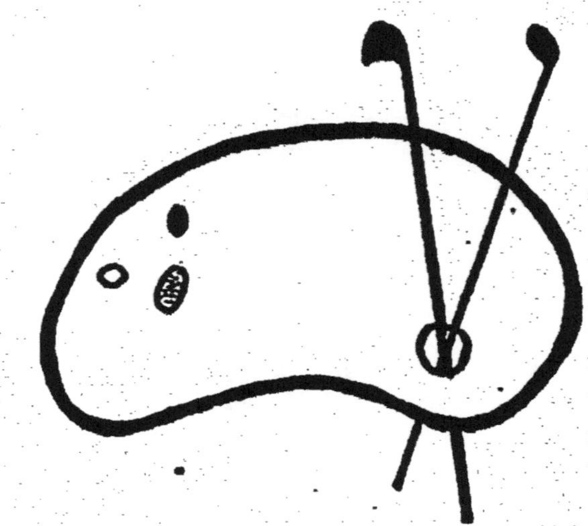
DEBUT D'UNE SERIE DE DOCUMENTS
EN COULEUR

LA HAUTE MARCHE AU XIIe SIÈCLE

LES MOINES CISTERCIENS

ET

L'AGRICULTURE

PAR

Gabriel MARTIN

GUÉRET
Imprimerie-Librairie P. AMIAULT, 3, rue du Marché
1893

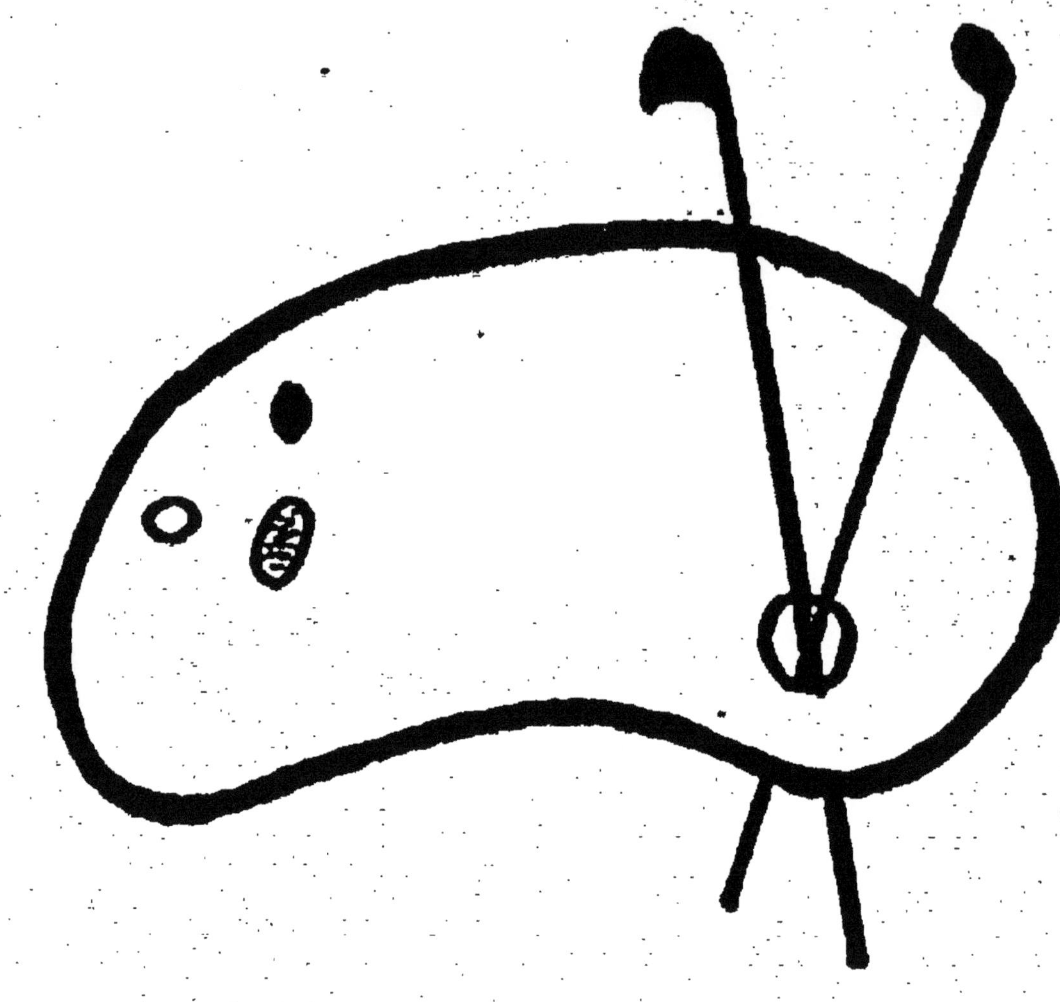

FIN D'UNE SERIE DE DOCUMENTS
EN COULEUR

LES MOINES CISTERCIENS

ET

L'AGRICULTURE

DU MÊME AUTEUR

MALVAL. La seigneurie, le château, la famille féodale de Malval (1038-1392). — Guéret, Amiault, 1890, in 8°.

L'ÉTENDARD DE JEANNE D'ARC, (extrait des *Notes d'Art et d'Archéologie*). — Paris, au siège du Comité de Jeanne d'Arc, 1894, in 4° avec gravures.

L'ÉTAT DE L'ENSEIGNEMENT PRIMAIRE EN FRANCE AVANT 1789. — Paris, Société générale d'éducation et d'enseignement, 1889, in 8°.

DIX ANS DE LAÏCISATION. — Paris, aux bureaux de la Société générale d'éducation et d'enseignement, 1890, in 8°.

A L'ÉCOLE PRIMAIRE. — Paris, Lamulle et Poisson, 1892, in 16. Etc., etc.

NOTES SUR LA FLORE DE LA CREUSE. — Guéret, Amiault, 1885, in 8°.

LA FLORE DE LA CREUSE. — Essai d'une Géographie botanique du département. — Guéret, Amiault, 1891-1892, in 8°.

LA HAUTE MARCHE AU XIIe SIÈCLE

LES MOINES CISTERCIENS

ET

L'AGRICULTURE

PAR

GABRIEL MARTIN

GUÉRET
Imprimerie-Librairie P. AMIAULT, 3, rue du Marché
1893

LA HAUTE-MARCHE

AU DOUZIÈME SIÈCLE

LES MOINES CISTERCIENS ET L'AGRICULTURE

Sur la période si intéressante de notre histoire qui va du milieu du douzième siècle au commencement du quatorzième — période de progrès et de prospérité brusquement interrompue par la Guerre de Cent ans — il n'y a pas, pour la Haute-Marche, d'autres documents que ceux contenus dans les archives de ses établissements religieux (1).

Les cartulaires et les chartes de nos vieilles abbayes nous font vivre, pour ainsi dire, au milieu des gens d'église, des seigneurs — avec leur cortège de feudataires, de prévôts et de censitaires — des chevaliers, des paysans qui constituaient la société de cette époque. Ils renferment de véritables révélations sur la condition de toutes ces personnes, sur l'état de la population — très dense malgré la pauvreté du pays — sur la constitution de la propriété du sol — extrêmement morcelé et soumis dans chacune de ses parcelles à un nombre prodigieux d'ayant-droits — sur la situation de la femme, sur les droits des petits possesseurs ruraux que l'on trouve désignés sous le nom de *rustiques* ou de *vilains*.

Ce sont là les questions les plus intéressantes que permettraient d'aborder les renseignements contenus dans les chartes du douzième et du treizième siècle. Mais cette étude ne peut être que la conclu-

(1) Voir à l'appendice une notice sur les documents du douzième et du treizième siècle provenant des fonds d'archives des abbayes cisterciennes de la Haute-Marche et conservés aux Archives départementale de la Creuse, à la Bibliothèque Nationale et au British-Muséum.

sion et le couronnement de longues recherches. Auparavant, un autre travail semble s'imposer, beaucoup plus modeste, celui de faire connaître les principaux de ces établissements religieux dont les annales sont notre unique source d'informations.

Les abbayes cisterciennes sont toutes désignées pour cet objet ; d'abord, parce qu'elles étaient chez nous les plus nombreuses ; ensuite, parce que les moines cisterciens ont été, dans ce temps-là, intimement mêlés à la vie des populations. L'histoire de leurs établissements agricoles, confiés à ces frères convers de Cîteaux, les agriculteurs les plus renommés de l'époque (1), est le moyen le plus simple et le plus exact de faire connaître ce qu'étaient alors le pays et l'agriculture.

I

Les Abbayes

L'ordre de Cîteaux fondé tout à la fin du onzième siècle tenait en la plus haute estime le travail agricole. « Les moines de notre ordre, dit la règle, doivent vivre du travail de leurs mains, de la culture des terres et de l'élevage des troupeaux (2). »

Grâce à la réputation des hommes qui le dirigeaient, et surtout à l'extraordinaire popularité de saint Bernard, cet ordre se propagea avec une grande rapidité. Un demi-siècle environ après sa naissance, c'est-à-dire dans la seconde moitié du douzième siècle, il

(1) Les frères convers de Cîteaux existent encore de nos jours, et leur réputation d'agriculteurs émérites s'est maintenue. Ce sont eux, qui sous le nom de *Trappistes* ont fondé plusieurs établissements agricoles, dont le plus célèbre est celui de *Staoueli*, en Algérie.

(2) Nomasticon Cisterciense, seu antiquiores ordinis Cisterciensis constitutiones, à R. P. D. Juliano Paris, Parisiis, apud viduam Gervasii Alliot, 1664 ; *Unde de monachis debeat provenire victus*, p. 247. — Cet ordre (fondé en 1098, au lieu de Cîteaux, dans le diocèse de Châlons, par saint Robert, abbé de Solesmes) se distinguait par une grande simplicité dans les vêtements, dans tout ce qui servait à l'usage de la vie, et même dans l'ornementation des églises et dans le choix des objets du culte, où ne devaient paraître ni l'or ni la soie.

avait sous son autorité plus de cinq cents abbayes ; pour sa part, la Marche — la Haute-Marche — en possédait cinq.

C'est en 1149, le 11 du mois de juin, que les premiers moines cisterciens pénétrèrent dans notre pays. Ils venaient directement de Clairvaux, la célèbre abbaye fondée par saint Bernard, et s'établirent aux confins de la Marche, du côté du Berry, dans un lieu appelé Aubepierre (1), lequel était situé dans la paroisse de Méasnes, de l'archiprêtré d'Anzême, et dans la seigneurie du Bouchet, sous la dépendance des puissants seigneurs de Malval.

Les quatre autres abbayes cisterciennes de la Haute-Marche n'avaient point appartenu, dès leur fondation, à l'ordre de Citeaux. Au début, ces établissements avaient été de simples associations d'hommes adonnés à la prière et au travail, se réunissant en certaines circonstances, mais vivant habituellement en ermites. Plus tard, vers 1120, ces associations étaient devenues de véritables monastères, car les « Frères de Dalon, » comme on les appelait, avaient senti le besoin de vivre en commun et de se donner un supérieur : ils suivaient la règle de Saint-Benoît, et continuèrent à travailler la terre, comme les cisterciens, mais ils demeurèrent étrangers à l'ordre de Citeaux, et étaient soumis à l'abbaye de Dalon, en Limousin (2).

Ces abbayes s'appelaient Bonlieu, le Palais, Prébenoît et Aubignac. Toutes, sauf la dernière, devaient leur existence aux libéralités faites à un saint homme fort populaire dans les contrées de l'ouest, le bienheureux Géraud de Salis, « serviteur de Dieu », le fondateur d'un grand nombre de monastères.

La plus importante de ces quatre abbayes était Bonlieu. C'était primitivement un tènement appelé Mazerolles et situé dans la paroisse de Peyrat-la-Nonière, à l'extrémité de la Marche, sur la fron-

(1) Sans aucun doute, ce nom (*Alba petra*, c'est-à-dire, la *Pierre blanche*) a été donné à la localité à cause du quartz, assez abondant dans la région ; il y a quelques mois, on en voyait encore un bloc énorme près de l'ancienne porte de l'abbaye.

(2) Gallia Christiana, t. I, Paris, 1715, col. 263 ; et t. II, Paris, 1720, col. 624. — Cartulaire de Bonlieu, f° 1.

tière du pays de Combraille ; la rivière de la Tarde y coule entre des rives escarpées, le lieu etait fort solitaire (1). Les disciples de Géraud l'occupèrent au commencement du douzième siècle ; après la mort de Géraud, Amélius, seigneur de Chambon en Combraille, en renouvela la donation à Roger, premier abbé de Dalon, afin qu'il y bâtit une abbaye. Gérald-Hector du Cher, évêque de Limoges, lorsqu'il vint consacrer l'autel en 1141 « changea le nom de Mazerolles, et lui donna celuy de Bonlieu, non tant à cause de la fertilité du terrouër et situation du lieu estant fort serré des rochers, mais à cause de la vie bonne des premiers religieux (2) ».

A peu près à l'époque où il installait ses frères à Bonlieu, le bienheureux Géraud établissait une autre colonie sur les bords du Taurion, non loin de la vallée où s'élève la ville de Bourganeuf. D'après une habitude commune chez les moines qui suivaient la règle de Saint-Benoît et dont nous venons de voir un exemple pour Bonlieu, la nouvelle fondation prit un nom symbolique et s'appela le Palais de Notre-Dame.

En 1138, Roger, premier abbé de Dalon, qui compléta dans notre pays l'œuvre commencée par le bienheureux Géraud (3), envoya un groupe de ses moines occuper une terre appelée Aubignac (4), située

(1) La rivière du Tarde (*sic*) traverse le milieu du couvent de Bonlieu et ayant cours par les montagnes, roches et boys sépare la province de la Marche et de Combraille : mesme on dict qu'autres fois elle passait par dessous le cœur de l'église, mais son cours a esté diverti... (Histoire de l'abbaye de Bonlieu,. ms. B. N. f. l. 10058, f° 280, recto.)

(2) Id. ibid. f° 284. — Cart. Bonl., f° 1.

(3) Roger est appelé premier abbé de Dalon parce que le B. Géraud ne porta jamais ce titre. Roger siégea de 1120 à 1157, et reçut de nombreuses donations, notamment pour l'abbaye du Palais.

(4) Le territoire d'Aubignac était assez vaste : « Gaucelinus Polus dono... S. Bartholomœo de Benevento., in illa terra que vocatur *Albiniacum* quam habeo inter duas aquas, Ablor videlicet, (l'Abloux, petite rivière de 48 kilom. de cours, qui se jette dans l'Anglin) et Calandram, (B. N. f. l. 17116, p. 119) ». Le territoire d'Aubignac s'étendait au delà de ce dernier cours d'eau.

dans la paroisse de Saint-Sébastien, au diocèse de Bourges, bien que dans la Marche (1).

Poursuivant son œuvre, Roger, deux ans plus tard, bâtit un monastère, et dirigea d'autres moines sur un lieu dépendant de la seigneurie de Malval et donné autrefois au bienheureux Géraud lui-même, près des bords de la Petite-Creuse, dans la paroisse de Bétête, partie en Marche, partie en Berry, quoique tout entier dans le diocèse de Limoges (2). Comme Bonlieu et comme le Palais, le nouveau monastère reçut un nom mystique, il s'appela le Pré béni de la Vierge, nom qui devint plus tard Prébenoit (3).

Ainsi, toutes ces abbayes, sauf Aubepierre, étaient filles de l'abbaye de Dalon et soumises à son autorité. Or, il arriva que le 28 août 1163, Amélius, qui avait succédé à Roger dans le gouvernement de Dalon, se trouvant à Arnac-Pompadour pour les funérailles d'Almodis, femme d'Olivier de Las Tours, y rencontra neuf abbés qui étaient soumis à sa juridiction. Il fut décidé, en considération des mérites de l'ordre de Citeaux, que Dalon, ainsi que tous les monastères qui en dépendaient, serait agrégé à cet ordre. Pour réaliser cette pensée, on s'adressa à l'abbaye de Pontigny, au diocèse d'Auxerre, qui avait été fondée directement par celle de Citeaux (4).

Donc, quelques années après le milieu du douzième siècle, le grand ordre cistercien, dont tous les historiens, à quelque école qu'ils appartiennent, ont reconnu la haute influence sur la marche des

(1) La situation de cette paroisse est restée la même jusqu'à la Révolution et jusqu'au Concordat.

(2) La seigneurie de Boussac, qui appartenait à la maison de Déols, était rattachée au Berry, mais les paroisses qui la composaient étaient du diocèse de Limoges.

(3) Beatus Geraudus qui fundavit cœnobium in silva Dalonensi accepit in eleemosynam locum dictum postea Pratum Benedictum, in quo postea Rogerius, ejus successor, construxit cœnobium et monachos posuit atque eis abbatem dedit. (Dom Estiennot), (B. N. f. l. 12747, p. 54). Ce fut en 1149 (Gal. Christ. II, col. 632).

(4) Labbe, Novæ Bibliothecæ manuscriptorum... T. II, Paris, 1657, *Chronica Gaufredi prioris vosiensis*, p. 315. — Gallia Christiana, I, col. 253. — Roy-Pierrefitte, *Dalon*, dans le *Bulletin de la Société archéologique du Limousin*, XIV, 1864, p. 89.

évènements et sur toutes les branches de l'activité humaine, pendant les douzième et treizième siècles, était représenté dans notre pays par cinq établissements principaux (1). Ces cinq abbayes situées, avec les établissements qui en dépendaient, dans des régions différentes, quant à la richesse du sol et aux mœurs des habitants, étaient fort éloignées les unes des autres : cette circonstance eut pour résultat que leur action s'exerça sur une partie considérable de la province.

Depuis le Poitou, c'est-à-dire depuis les paroisses d'Azerables, de Mouhet et de Parnac (ces deux dernières aujourd'hui dans le département de l'Indre), jusqu'au delà de Boussac, du côté de Saint-Marien et de Saint-Pierre-le-Bost, en Berry, et même jusqu'à Huriel et Doméral, près de Montluçon, en un mot, sur toute la frontière de la Marche, le long du Berry, les dépendances des abbayes se succédaient, divisées en plusieurs groupes principaux, presque sans interruption.

Il en était de même sur les rives de la Creuse, dans la partie moyenne du cours de cette rivière. D'Anzème et de Glénic partait une ligne continue de possessions cisterciennes qui s'étendait jusqu'au delà d'Ajain, puis, après une lacune, jusqu'à Saint-Pardoux-les-Cards et Issoudun. Cette ligne se reliait par son milieu avec les propriétés sises au nord de la province, et dont il vient d'être parlé. Si l'on s'éloignait des bords de la Creuse, on trouvait des établissements importants situés dans la région comprise entre Chénérailles, Bellegarde et Chambon, c'est-à-dire jusqu'en Combraille.

A l'opposé, tout à fait vers le sud-ouest, dans une contrée qui a pendant longtemps appartenu au Poitou, mais qui à cette époque faisait encore partie de la Marche (2), à laquelle elle est reliée par la

(1) La province de la Marche, quoyque stérile, néamoinlz a la gloire de se pouvoir dire en partie fondatrice de l'ordre de Citeaux, notamment ès monastères de Bonlieu, de Prébenoît, d'Aulbespierres, d'Aubignac et du Palais... Et à l'exception d'Aubepierre dépendent immédiatement de l'abbaye de Dalon située sur les confins du Périgort et du bas Limousin, et médiatement de Pontigny, troisiesme de l'ordre de Citeaux et deuxiesme en filiation (B. N. f. l. 10058, f° 284).

(2) C'est l'opinion de M. Antoine Thomas, exprimée dans un article

nature, un autre foyer d'influence cistercienne, le Palais, rayonnait sur les pays de la vallée du Taurion.

Malgré les pertes irréparables infligées à leurs archives, il est encore possible de reconstituer, du moins dans son ensemble, le domaine des abbayes cisterciennes, tel qu'il était au temps où ces abbayes furent à la fois florissantes et fidèles à la règle du travail, c'est-à-dire pendant les deux siècles qui suivirent leur fondation.

II

Le Domaine des Moines

La fortune de nos abbayes consistait presque uniquement en biens-fonds ruraux. En effet, à l'époque où l'ordre de Cîteaux fut fondé, la propriété immobilière était à peu près la seule connue ; d'autre part, d'après l'esprit de sa règle et ses principes particuliers, cet ordre ne pouvait avoir d'établissements dans les lieux habités, et il lui était formellement interdit de posséder des églises, des serfs, des fours et des moulins banaux (1), des rentes foncières ou des cens, en un mot, autre chose que des terres : les moines devaient vivre du travail de leurs mains et principalement du travail agricole, ils ne devaient donc posséder que des biens sans lesquels ce travail est impossible (2).

Ainsi, c'est au système de la dotation immobilière qu'ont eu recours tous ceux, — le nombre en est extraordinairement élevé, — appartenant à toutes les classes de la société qui, dans un but de charité

bibliographique sur les « Enclaves poitevines du diocèse de Limoges, par Louis Guibert » (*Bibliothèque de l'Ecole des Chartes*, XLVIII, année 1887, p. 405-456) ; cette opinion se trouve confirmée par l'étude du Cartulaire du Palais.

(1) *Carta caritatis*, cap. XV, cité par M. d'Arbois de Jubainvile, p. 277.

(2) NOM. CIST. *Inst. cap. gen.* p. 248. Les quêtes, même pour constion d'églises, étaient interdites (ibid. *Institutiones*, p. 347). Cependant, chez nous, sans doute à cause de la pauvreté du sol, les abbayes reçurent fréquemment des dîmes.

ou pour assurer des prières perpétuelles à leurs morts, voulaient s'associer à la création et à l'entretien des monastères.

Au début, à l'époque de leur fondation, les abbayes n'acquièrent que d'une seule façon : elles reçoivent des dons. Il est à remarquer que contrairement à l'usage — si conforme à la nature humaine, — ces donations, sauf de très rares exceptions, sont des donations entre-vifs. Le donateur se dépouille immédiatement lui-même ; suivant une habitude qui avait alors force de loi pour la légitimité des actes de cette nature, il se dépouille, la plupart du temps, avec le consentement et l'approbation de ses futurs héritiers. A Bonlieu, sur plus de 750 donations qui furent faites à l'abbaye pendant le premier siècle de son existence, on trouve à peine une dizaine de donations testamentaires. Pour les autres abbayes, la proportion est à peu près la même. Dans cette manière d'agir il y avait un préservatif puissant contre les entraînements irréfléchis, et l'on peut dire que les libéralités si nombreuses, ainsi faites, témoignages de sympathie de la part des populations qui les voyaient à l'œuvre, sont pour nos abbayes un magnifique hommage.

Bientôt, grâce à un travail savamment organisé, le rendement des terres augmentant, et les moines, alors dans la première ferveur, menant une vie des plus frugales, il se trouva, presque partout, que la production dépassa la consommation. Que faire du superflu ? Le chapitre général de Cîteaux, on doit lui rendre cette justice, vit le danger ; il fit autant d'efforts pour éviter un développement trop grand de la fortune territoriale qu'il en avait fait dans le début pour parer à l'insuffisance des revenus (1). Malgré ses conseils et ses prescriptions, le superflu, au lieu d'être employé à des aumônes, le fut trop souvent à des acquisitions d'immeubles. Sauf Bonlieu, nos abbayes pratiquèrent peu cet abus.

(1) L'interdiction d'acheter des immeubles a été décidé par le chapitre général (ab emtione terrarum et omnium possessionum immobilium), en 1191, 1215, 1240, 1256, 1280 (Dom Martène, t. IV, col. 1272, 1317, 1371 ; Nom. Cist. *de non acquirendo*, p. 319-320 ; Bibl. de l'Arsenal, Ms. L. 926, p. 16, *Statuta*, 1191. D'après ce dernier manuscrit, les couvents de moins de 30 moines auraient eu le droit de faire des achats.

Ainsi, nous ne rencontrons aucune acquisition à titre onéreux faite par les moines d'Aubepierre durant le douzième siècle, et il y en a trois seulement dans la première moitié du siècle suivant : encore faut-il remarquer que deux de ces achats sont relatifs à des vignes en Berry, ce qui pouvait être utile pour les besoins des travailleurs attachés au monastère, et que le troisième achat était nécessaire pour faire cesser une indivision pénible avec le prieuré de Chambon-Sainte-Croix (1). A Aubignac, il y a, il est vrai, une acquisition onéreuse faite avant la fin du douzième siècle, mais cette acquisition est plutôt une transaction avec soulte qu'un véritable achat (2). Dans la premièremoitié du treizième siècle, cette abbaye a procédé à cinq achats, et dans le nombre, il y a une acquisition de dimes (3) et un autre est une donation déguisée (4).

L'abbaye de Prébenoit — si l'on en juge par les titres qui survivent, incomplets, il faut l'avouer — n'aurait rien acheté dans le douzième siècle ; le premier acte d'achat serait de 1230, et il s'agit d'une simple redevance (5). Au Palais, dont nous possédons le cartulaire relatif à cette époque, c'est à peine si nous trouvons trois ou quatre acquisitions à titre onéreux : un pré acquis en 1206 par une donation déguisée, un autre accensé, et un mas accensé à prix d'argent de l'abbaye d'Userche, vers le milieu du douzième siècle (6). L'abbaye de Bonlieu cependant, dotée de grands biens, faisait des économies plus importantes, et se laissa tenter par le

(1) Le prieuré de Chambon-Sainte-Croix (canton de Bonnat). M. G. de Senneville, conseiller à la Cour des comptes, prépare en ce moment la publication du Cartulaire d'Aureil, d'où dépendait Chambon-Sainte-Croix. Dans les bonnes feuilles qu'il a bien voulu me communiquer se trouvent plusieurs chartes intéressant ce prieuré.

(2) Transaction sur les dimes de Mouhet, avec le prieur de Saint-Benoit-du-Sault (*Arch. Creuse*, Aubignac, A. 3, copie).

(3) *Arch. Creuse*, Aubignac, 1220, A. 1, original parchemin ; 1233, cartulaire ; 1235, cartulaire ; avant 1230, A. 2 original parchemin ; voir aussi la note suivante.

(4) Id. ibid. Achat d'une vigne, vers 1230, original parchemin A. 1.

(5) B. N. f. l. 17049, p. 373.

(6) F° 32, 20 et 7 du Cartulaire.

désir d'étendre encore ses possessions. Son cartulaire contient plus de deux cents acquisitions à titre onéreux ; mais par une sorte de pudeur et comme pour rendre hommage à la sagesse de la règle que l'on n'ose violer ouvertement, toutes ces acquisitions, sauf une, sont déguisées sous l'apparence de simples donations : l'abbaye paie le prix en faisant au prétendu donateur une large aumône en deniers (1).

Depuis le jour de leur naissance, la fortune des abbayes alla sans cesse en s'accroissant, par ces donations et par ces acquisitions, jusqu'au milieu du treizième siècle, c'est-à-dire environ pendant un siècle ; ensuite elle resta à peu près stationnaire. Mais il faut remarquer que, très rapide et très considérable dans les premiers temps, cet accroissement se ralentit promptement et fut très faible au bout de quarante ou cinquante ans. En résumé, à la fin du douzième siècle, le domaine des abbayes était constitué et leurs exploitations agricoles étaient organisées.

Sans parler de ce qu'ils avaient à Châteauroux et aux environs d'Argenton, en Berry, les moines d'Aubignac possédaient des biens-fonds dans la Marche, sur les paroisses de Saint-Sébastien et de Lafat, et à quelques pas seulement des limites de cette province sur les paroisses de Parnac, de Mouhet et d'Azerables, toutes du diocèse de Bourges et de la province de Poitou (2).

L'abbaye d'Aubepierre, qui avait aussi des biens en Berry, à Argenton, à Châteauroux et aux environs de cette ville, à Déols, à Vineuil (canton de Levroux) et à Villiers (canton de Mézière), étendait, dans la Marche, ses possessions sur les paroisses de Méasnes, de Lourdoueix-Saint-Pierre, de Fresselines, de Glénic, de Roches, et non loin de la Marche, sur celles de Pommiers et de Gargilesse, au diocèse de Bourges.

(1) Ces actes sont si nombreux qu'il est impossible de les citer ; il suffit d'ouvrir le cartulaire au hasard pour en trouver quelques-uns.

(2) La paroisse d'Azerables était seulement en partie en Poitou ; Parnac et Mouhet faisaient partie de la vicomté de Brosse (paroisse de Chaillac, Indre) qui était du Poitou (*Arch. nat.* Layettes, j. 190 A, Poitou, I nº 2, 1193. — Hommages d'Alphonse, comte de Poitiers, par Bardonnet, Niort, 1872, p. 91 et 95).

Comme les deux précédentes, l'abbaye de Prébenoit possédait quelques biens en Berry : une chapelle avec dépendances à Sainte-Sévère, et des terres dans la paroisse d'Urciers (canton de Sainte-Sévère), à Sinaize et à Chissac. Dans la Marche ses propriétés se trouvaient sur les paroisses de Bétête (1), de Saint-Dizier-les-Domaines, de Châtelus-Malvaleix, de Clugnat, de Ladapeyre.

L'abbaye de Bonlieu, la plus riche de toutes. possédait en Bourbonnais, près de Montluçon, sur la paroisse de Domérat et sur l'ancienne paroisse de Saulx deux domaines, dont le plus vaste, qui portait autrefois le nom d'Aubeterre, avait une chapelle et un ensemble de constructions qui lui donnaient l'apparence d'un véritable monastère (2). Dans la Marche et dans la Combraille ses propriétés s'étendaient sur un grand nombre de paroisses, sur celles de Peyrat-la Nonière, de Saint-Julien-le-Châtel, de Saint-Priest, de Champagnat, de Saint-Pardoux-les-Cards, d'Issoudun, de Saint-Chabrais, de Glénic, d'Ajain, de Nouhant et de Saint-Marien; c'est-à-dire sur les cantons actuels de Chénérailles, d'Evaux, de Bellegarde, de Guéret, de Chambon et de Boussac (3).

L'abbaye du Palais avait des terres sur les paroisses de Thauron et de Janaillat, dans la Haute-Marche; de Mérignat et de Soubrebost, dans cette enclave poitevine si singulièrement située au fond de la Marche; de Mansat et de Saint-Dizier, situées partie en Marche, partie en Poitou : le tout sur les cantons actuels de Pontarion et de Bourganeuf. Cette abbaye avait aussi quelques possessions du côté de Peyrat-le-Château en Limousin, notamment aux environs de Bujaleuf.

Tel était, à la fin du douzième siècle, le domaine des abbayes cisterciennes de la Haute-Marche. En laissant de côté tout ce qui était situé loin des limites de cette province, nous allons rechercher

(1) Une partie de la paroisse de Bétête était du Berry.

(2) C'est aujourd'hui *l'Abbaye*, commune de Domérat (Allier). — *Parrochia de Sallis*, ou *de Sal*, cart. Bonl. f° 87, 156, etc. Saulx est aujourd'hui un simple village.

(3) Saint-Priest et Nouhant étaient en Combraille ; Saint-Marien, en Berry ; toutes les autres paroisses étaient de la Haute-Marche.

quel parti les moines savaient tirer de ces propriétés, et quels moyens ils employaient pour en mettre le sol en valeur.

III

Les Centres d'exploitation

Pour l'exploitation, les propriétés de chaque abbaye étaient divisées en un certain nombre de groupes. Chaque groupe avait pour centre un établissement appelé *grange* (1), et le groupe tout entier prenait le même nom.

Rien n'était plus variable que l'importance des granges. On en voyait qui étaient de simples métairies, d'autres qui avaient leur chapelle, leur dortoir, leur réfectoire, leur chauffoir, leur hôtellerie, en un mot, qui ressemblaient de tout point à des abbayes. Mais les granges, quelque fut leur importance, n'étaient point des monastères ; les moines n'y pouvaient habiter à poste fixe, et les frères convers, qui y habitaient et en exploitaient les terres, devaient venir reposer, après leur mort, à l'ombre de la croix de l'abbaye même.

Les granges ne devaient pas être situées à une trop grande distance de l'abbaye, afin que les liens qui devaient les unir à elle ne fussent pas trop relâchés. Il était défendu, sauf autorisation spéciale, de bâtir une grange à plus d'une journée de l'abbaye dont elle dépendait (2). Nous ne trouvons pour notre pays aucune exception à cette règle : la grange la plus éloignée de son abbaye, Aubeterre, étant seulement à quarante kilomètres de Bonlieu, à vol d'oiseau.

Inversement, les granges devaient être distantes entre elles de

(1) Au moyen âge, *grange* est un terme générique qui sert à désigner tout bâtiment destiné à l'agriculture (*Abbayes Cisterciennes*, par d'Arbois de Jubainville, Paris, 1858, p. 303). — D'après Du Cange, GRANGIA, c'est *prædium, villa rustica*.

(2) A partir tout au moins de 1152 (D. Martène, *Thesaurus Anecdotorum*, T. IV, col. 1244. — NOM. CIST. *Instit. cap. gener.* p. 247).

deux lieues de Bourgogne (1). C'est afin de conserver la paix entre les religieux et d'éviter les scandales (2), qui, sans doute, auraient pu provenir des rivalités excitées par les questions de pâturage que cette prescription avait été édictée. La règle relative à la distance entre elles des granges souffre chez nous d'assez nombreuses exceptions, notamment quand il s'agit des granges voisines de chaque abbaye.

Nous étudierons plus loin la vie intérieure des granges ; ici, nous allons faire connaître leur nombre, leur consistance et leur importance.

Dans la région du nord et du centre de la Haute-Marche, les granges des abbayes d'Aubignac, d'Aubepierre, de Prébenoît et de Bonlieu étaient nombreuses : les terres des unes venaient souvent toucher celles des autres.

Au nord-ouest, les biens de l'abbaye d'Aubignac étaient divisés en six granges. La première était la grange dite *de l'abbaye*, celle qui servait à l'exploitation des terres immédiatement voisines du monastère. Ensuite venaient les granges de *Beauvais*, paroisse d'Azerables (3), et de l'*Auberte*, paroisse de Mouhet, à quelques pas de la limite de la province (4) ; ces deux granges, peu éloignées l'une de l'autre, avaient plusieurs droits communs. Sur la paroisse d'Azerables, dans la partie sud, c'est-à-dire sur le point opposé à Bauvais et le plus éloigné de l'abbaye, se trouvait une autre grange, celle de *Chanteloube* (5). Au nord de l'abbaye, à environ sept ou huit

(1) NOM. CIST. *Institutiones capituli generalis*, de distantia grangiarum et abbatiarum. p. 278.

(2) *D. Martène*, T. IV, col. 1460, E.

(3) *Grangia de Bello visu*, cum suis nichilominus terris, 1165 (Arch. Creuse, *Cartul. d'Aubignac*, p. 1) — Beauvais, commune d'Azerables, canton de La Souterraine.

(4) *Grangia quoque de Auberta*, 1165 (id. ibid.). — L'Auberte, commune de Mouhet, canton de Saint-Benoît-du-Sault, arrondissement du Blanc (Indre).

(5) *Grangia de Cantaloba*... et.. ejus pertinentiæ. (id. ibid.). — Chanteloube, commune d'Azerables.

kilomètres, mais sur la paroisse de Parnac, du diocèse de Bourges, les moines possédaient la grange de la *Rémondière* (1). La grange de la *Réjade* était en pleine Marche; elle était située dans la paroisse de Lafat, sur la lisière même de la forêt qui s'appelait à cette époque la forêt de Versillat, et qui porte aujourd'hui le nom de Saint-Germain-Beaupré (2); on montre encore, sur le territoire qui appartenait à cette grange, une éminence où le roi Henri IV serait monté, lors de son séjour à Saint-Germain, pour jouir d'une vue d'ensemble sur la forêt de Saint-Germain et le pays environnant.

Les possessions d'Aubepierre étaient partagées en deux groupes principaux : l'un aux environs de l'abbaye, dans un rayon de quelques kilomètres ; l'autre sur les coteaux de la rive droite de la grande Creuse et sur les collines qui séparent le bassin de cette rivière de celui de la Petite-Creuse, à la hauteur de Glénic et de Châtelus-Malvaleix.

Le premier groupe était divisé en quatre granges : deux se trouvaient auprès de l'abbaye, l'une à l'entrée même du monatère et qui s'appela plus tard le domaine de la *Porte*, l'autre, un peu plus éloignée, fut fondée par les moines dans une région absolument inculte et s'appelait simplement la *Grange* (3) ; ces deux granges étaient situées sur la paroisse de Méasnes et elles avaient des terres isolées et des prés sur celle de Lourdoueix-Saint-Michel (4).

(1) Illa *grangia* quæ dicitur *la Raymundeira* cum suis terris cultis sive incultis, aquis, nemoribus, atque pratis... (id. ibid.). — La Rimondière, commune de Parnac, canton de Saint-Benoit-du-Sault (Indre).

(2) *Grangia* quæ dicitur *la Raijada*, 1245. (Arch. Creuse, *Original parchemin*, A. 2, donation du droit de pacage dans la forêt de Versillat). — La Réjade, commune de Lafat, canton de Dun-le-Palleteau.

(3) Philippe de Malval confirme (125 [4 ou 5]) les donations faites au moment de la fondation de l'abbaye, par Seguin de Linières et les autres bienfaiteurs qui avaient donné *locum abbatiæ cum duabus grangiis contiguis* (Arch. Creuse, H. 98, *original*). — *Grangia* sita in nemoribus nostris prope abbatiam, 1385 (Arch. Creuse, original parchemin, fonds d'Aubepierre, H. 103). — La Grange est aujourd'hui un village de la commune de Méasnes.

(4) Bien qu'appartenant au département de l'Indre, la paroisse de Lourdoueix-Saint-Michel a toujours fait partie de la Marche.

La troisième grange était celle du *Bourliat*, paroisse de Lourdoueix-Saint-Pierre (1); comme elle était à une certaine distance de l'abbaye —, environ 8 ou 9 kilomètres —, les religieux avaient songé, dès le début, à y construire une chapelle (2) : il ne paraît pas certain que ce projet ait été réalisé. Enfin, une quatrième grange se trouvait au sud-ouest de l'abbaye, mais au delà de la Petite-Creuse, la grange de la *Vau-Vieille*, sur la paroisse de Fresselines (3); elle était en communication avec l'abbaye au moyen du pont de Puylandon, aujourd'hui détruit : cette grange possédait une partie des terres du village des Forges, dont l'autre partie appartenait au prieuré de Chambon-Sainte-Croix, et cette promiscuité fut la cause à la fin du douzième siècle d'un incident tragique entre les convers et les moines d'Aubepierre d'une part, et les gens du prieuré de Chambon, d'autre part; à l'occasion de la possession d'un *plaix*, il y eut une brusque attaque opérée par les gens du prieur, des moines furent violemment frappés, et plusieurs convers mis à mort; après de longs débats, plus de dix ans, les moines pardonnèrent (4). Cette grange possédait une chapelle, non pas à Lavaudvieille, mais au village des Forges (5); cette petite chapelle qui existe encore n'avait point été bâtie par les religieux, mais elle avait été accensée par eux des chanoines d'Aureil.

(1) *Grangia de Broliatho* (ou *Broilliath*), 1163 (cart. p. 60, d'après « deux titres marqués A. sac du Bourliat). » — Le Bourliat, commune de Lourdoueix-Saint-Pierre.

(2) Hebo de Chassenolis dedit Fratribus quicquid habebat infra terminos grangiæ de Brolliath, remittens insuper querelam adversus eos de capellâ ibi facienda (id. ibid).

(3) *Grangia Vallis Veteris*, 1184 (Arch. Haute-Vienne, D. 804; *Documents historiques...* etc., par MM. Leroux, Molinier et Thomas, Limoges, 1883, I, p. 138-140). — Lavaudvielle, commune de Fresselines.

(4) 1194, *Rémission pour le meurtre des frères convers* (même indication que pour la note précédente).

(5) Acte par lequel Jean, évêque de Limoges, fixe à 50 sols la rente due au prieuré d'Aureil pour les tènements à elle accensés, 1210 (Arch. Haute-Vienne), D. 804, *Documents historiques.* p. 158, — Les Forges, commune de Fresselines.

Le second groupe des possessions d'Aubepierre comprenait de vastes propriétés; son centre principal était *Chibert*, près de Glénic, où il existait une chapelle, et les terres s'étendaient sur les territoires de nombreux villages des paroisses de Glénic, d'Ajain, de Ladapeyre et de Roches (1). Il est certain que ces terres étaient divisées en deux ou trois granges; malheureusement tous les titres de Chibert sont aujourd'hui perdus, et il est impossible de donner des détails sur la composition de ce *membre* de l'abbaye, comme on l'appelait.

En Berry, mais à une assez faible distance de notre province, Aubepierre possédait une terre assez importante, la grange de *Fondonet*, sur la paroisse de Pommiers (2); cette grange avait des droits à exercer jusque dans une forêt située du côté de Gargilesse.

Les granges dépendant de l'abbaye de Prébenoit venaient se relier aux précédentes. Ce monastère possédait plusieurs corps de domaine sur la paroisse de Bétête, où il était situé : à Prébenoit même, autour de l'abbaye, à Moisse, à Ecosse (3) et au Chas-

(1) Ces villages sont ceux de Chibert, Villegondry, Mondoueix, les Vèchers, commune de Glénic, (canton de Guéret ;) Loubier, commune d'Ajain ; la Trimoille, Montalechier, commune de Ladapeyre, (canton de Guéret ;) le Bétoulet, Marsault, Rejouant, Leyraud, Prenède, les Boueix, Braconnet et Fougerolles, commune de Roches (canton de Châtelus-Malvaleix). Transaction entre l'abbé et les tenanciers de Chibert, *Arch. Creuse*, 1636 (Aubep. II. 99, original).

(2) *Grangia de Fondonet*. (Reconnaissance de la donation de Fondonnet, 1272 Cartulaire d'Aubepierre) II. Fontenay, commune de Pommiers, canton d'Eguzon.

(3) Donation d'Hélie Ademari « in omni terra de Massa ». avant 1190 (Arch. Creuse, fonds de Prébenoit, copie du XVIII siècle), Donation d'Aubert de Malval sur « terram de Maiser et omne nemus et pertinentias... » (B. N. f. l. 17049, p. 378). Les dépendances de Moisse étaient la forêt voisine et plusieurs borderies. L'abbaye possédait aussi des biens à Ecosse (donation de la forêt de Cosset par un grand nombre de seigneurs en 1200, B. N. f. l. 17049, p. 377 ;) etc. ; en 1279, Evrard du Soc, damoiseau, transige sur les terres du Cosset, des Bracons et de la Clavière, (B N. f. l. 17049, p. 380,) et pièce latine sur vélin, mentionnée dans le *Bibliophile limousin*, octobre 1885, sous le n° 650.

saing (1) ; les religieux possédaient aussi, au nord de la paroisse, aux environs du village des Bracons, une terre importante qui leur avait été donnée par les seigneurs de Boussac (2).

En face du Chassaing, sur la rive gauche de la Petite-Creuse, se trouve le village du Puy-Maury, lequel fait partie de la paroisse de Saint-Dizier-les-Domaines ; l'abbaye de Prébenoit y possédait des terres et des bois (3), ainsi que sur plusieurs autres points de cette même paroisse (4). Elle avait aussi quelques biens à Ligundeix, paroisse de Clugnat (5). Comment et entre quelles granges étaient divisées toutes ces terres des paroisses de Bétête, de Saint-Dizier et de Clugnat ? Nous l'ignorons, faute de renseignements précis.

Mais nous connaissons les noms de deux granges que l'abbaye de Prébenoit possédait sur les paroisses de Châtelus-Malvaleix et de Ladapeyre ; la première était la grange de *Dramares*, la seconde

(1) *Chassana-Goan* (M. l'abbé Leclerc « notes pour un Dictionnaire etc. », en fait la Chassagne, commune de Ladapeyre ; je crois cependant que c'est le Chassaing, commune de Bétête, car les religieux y avaient droit de lods et ventes, jusqu'à la Révolution) ; (Donation de Geoffroi de Preuilly *in Chassana Goan*) Arch. Creuse, original parchemin, 1208 ; (mais la donation est antérieure).

(2) ... Vir illustris Radulfus Dolensis et filii ejus Ebo et Karulus et Radulfus.... dederunt.. omnia quæ sunt inter rivum deu Fraisser et Tartaro .... Gaufridus de Prulec [dedit] medietatem terræ de la Pomareda inter rivum [deu Fraisser.....] (lacune), il faut sans doute ajouter : *en retenant* quod est ultra rivum de Tartaro a parte Podii (Arch. Creuse, original, 1208, mais c'est un acte récollectif). — Odo Dolensis concessit mansum de la Pomareda, 1191 (B. N. f. l. 17049). — Le Puy, commune de Bétête ; le ruisseau de Tartaro est sans doute celui qui vient d'auprès de Nouzerine.

(3) Vir illustris Gaufridus de Prulec, dominus de Bozac... dedit .. quicquid habebat in omni terra de Podio-Amauric. (Arch Creuse, voir la note précédente). — Puy-Maury, commune de Saint-Dizier-les-Domaines.

(4) Odo Dolensis dedit... terram Culvertil de sancto Desiderio (id. ibid.).— Donation de terres par les enfants d'Hélie Adémari (copie de 1754).

(5) G. de Prulec et prepositi et servientes sui dederunt totum.. in omni villa de Ligundes et in omni terra et pratis et pertinentiis suis (*Arch. Creuse*, Prébenoit, Charte de 1208).

s'appelait *Moles*, l'une et l'autre étaient très voisines des possessions d'Aubepierre sur la commune de Roches (1).

De même que par ces granges l'abbaye de Prébenoit se reliait à celle d'Aubepierre, elle se reliait à l'abbaye de Bonlieu, propriétaire à Saint-Marien, par des possessions à Saint-Pierre-le-Bost, au nord et au delà de Boussac, en Berry, à deux pas du Bourbonnais ; ces biens étaient considérables, et à cause de la distance de tout autre centre appartenant à l'abbaye, il était de toute nécessité qu'il y eût une grange sur ce point, mais nous en ignorons le nom (2).

Nous arrivons à Bonlieu, et la tâche devient facile ; toutes les granges sont parfaitement connues. Il y avait d'abord la grange du monastère ou de la *Porte*, qui comprenait les terres données à l'abbaye lors de sa fondation ; les bâtiments de cette grange étaient situés près du couvent et le dominaient (3). Puis venaient la grange de *la Villatte* (4) et celle de *Montmoreau*, l'une et l'autre sur la paroisse de Saint-Priest, contiguë à celle de Peyrat-la-Nonière : la grange de Montmoreau avait un oratoire dont les restes se voyaient encore récemment (5).

(1) Willelmus de Verneia, miles, et Aimoinus, frater ejus, concedunt quicquid... in *grangia de Bramares* et in *grangia de Mol* quas pater illorum dederat, 1214 (B. N. f. l. 17049, f° 373). — Gaufridus de Pruleo dedit quicquid in omni villa de Moles (*Arch. Creuse*, Prébenoit, Charte de 1208). — Bramereix, commune de Châtelus-Malvaleix ; Molle, commune de Ladapeyre.

(2) Les héritiers d'Hélie Adémari donnent « totum quod habebant in terra et nemore deu Cluseu et deu Mainil in parochia sancti Petri lo Bosc » 1190 ; (*Arch. Creuse*, Prébenoit, copie du XVIIIe siècle).

(3) Grangia quæ prope abbatiam sita est, 1193, v. st, (Cartul. f° 153). Apud *grangiam desuper Bono loco*, 1228, v. st, (Cartul. f° 211).

(4) *Grangiæ*, scilicet de *la Vilata*, de *Montemaurello*, 1193 (v. st) (Cart. f° 153). — La Villate, commune de Saint-Priest, canton d'Évaux. M. P. de Cessac (*Bénédiction de la chapelle de Bonlieu*) place cette grange à la Villatte (*sic*) commune de la Serre-Bussière-Vieille, je crois que c'est une erreur : l'abbaye possédait bien sur cette paroisse la Vilette (et non la Villatte) ; mais, dans le cartulaire, ces deux terres sont parfaitement distinguées l'une de l'autre, (voir particulièrement le f° 20 du cartulaire, où *la Vileta* paroisse *de Serra et de Buxeria veteri* est désignée comme un mas (*mansus*) et non pas comme une grange ; voir aussi f° 286. — Montmoreau, commune de Saint-Priest.

(5) Bénédiction de la chapelle de Bonlieu (*Signé* : P. de Cessac), Limoges, 1878, p. 4.

A une certaine distance au sud de l'abbaye, se trouvait la grange de *la Chaudure* (1), sur la paroisse de Champagnat ; au nord-ouest de celle-ci, en se dirigeant vers la vallée de la Creuse, on trouvait la grange de la *Chassagne*, près d'Issoudun (2). Puis, remontant le cours de la rivière, on rencontrait entre Ajain et Glénic, et touchant aux propriétés de l'abbaye d'Aubepierre, un groupe important divisé entre deux granges, appelées l'une *Grosmont* (3) et l'autre *Villechenine* (4).

En sortant de la Marche et en pénétrant dans cette partie du Berry qui faisait partie du diocèse de Limoges, tout à l'extrémité du nord-est du département actuel de la Creuse, on trouve un village qui est une ancienne grange de l'abbaye de Bonlieu, *Bougnat*, paroisse de Saint-Marien ; cette grange touchait aux possessions de Prébenoit (5).

Si de là on revenait à l'abbaye, on rencontrait sur son chemin la grange de *Modard* (ou mieux *Maudar*), sise en la paroisse de Nouhant (6), la grange de *Linairoles* près Saint-Chabrais (7), enfin celle *des Barres*, non loin de Saint-Julien-des-Landes ou Saint-Julien-le-Châtel (8).

(1) *Grangia de Chauduris*, 1193, v. st. (Cart. f° 153)... apud las Chauduras, in orto subter grangiam, 1220 (ibid. f° 80)... apud las Chauduras, 1216, (Arch. Creuse, B. 6, original parchemin). — La Chaudure, commune de Champagnat.

(2) *Grangia Cassanea*, 1180 (Cart. f° 16). Grangia de Cassanea, 1193, v. st., (Cart. f° 22 et f° 153). — La Chassagne, commune d'Issoudun.

(3) *Grangia de Grossomonte*, 1303, v. st., (Cartul. f° 153).

(4) Ante portam Villacaninæ, 1185 (Cart. f° 125). *Grangia de Villacaninâ*, 1193, v. st., (Cartul. f° 153). — Villechenille, commune de Glénic.

(5) *Grangia de Boniac*, 1193, v. st, (Cart. f° 153). — Bougnat, commune de Saint-Marien, canton de Boussac.

(6) *Grangia de Maldarn*, 1193, v. st... de Maudarn, 1251 (Cartul. f° 153), grangia de Mauzdarn, 1229, v. st. (*Arch. Creuse*, Bonlieu, *accord* etc., original parchemin). — Modard, commune de Nouhant.

(7) *Grangia de Linairolis*, 1193, v. st. (Cart. f° 153). — Neyrolles, commune de Saint-Chabrais.

(8) *Grangia de Barris*, 1193, v. st. (Id. ibid.). — Les Barres, commune de Saint-Julien.

Pour compléter le compte des granges de Bonlieu, il faut citer les deux granges que cette abbaye avait près de Montluçon, la grange d'*Aubeterre* (1) et celle de *Crose* ou de *la Crose* (2).

L'abbaye du Palais possédait toutes ses granges, sauf une, dans un rayon peu étendu. Il y avait, d'abord, comme dans toutes les abbayes, une grange attenant au monastère; les autres granges l'entouraient de tous côtés.

La plus voisine était la grange d'*Arcissas*, située au-delà du Taurion, sur la paroisse de Thauron, et dont les possessions s'étendaient jusque sur celle de Saint-Dizier (3). Ensuite venaient la grange du *Mont*, aussi sur la paroisse de Saint-Christophe de Tauron (4); puis, toujours sur cette même paroisse et derrière la grange du Mont, par rapport à l'abbaye, se trouvait la grange de *la Chaise* (5).

A une distance à peu près égale de l'abbaye, mais sur le territoire de la paroisse de Mansat, était située la grange de *Quinsac* ou *Quinzac*, dont les terres s'étendaient jusque sur la paroisse de Thauron (6). En s'éloignant de l'abbaye dans la direction du nord, après

(1) Willelmus de Borbo, dominus de Montelucio, dedit Albamterram cum pertinentiis suis, in manu Rotgerii, dalonensis abbatis (Cart. f° 142). *Grangia de Albaterra* (Aubeterre, paroisse de Sal ou de Saulx) aujourd'hui l'*Abbaye*, commune de Domérat (Saulx n'est plus une paroisse).

(2) *Grangia de Crosa*, 1193, v. st. (Cart. f° 153). — Aldebertus, dominus d'Urec, dedit casale Boloa apud Crosam, et omnem terram cultam et incultam... s. d (Cart. f° 163). — *Crosa*, f° 153, 163, 165; *la Crosa*, f° 164, 165, etc.. — La Croze, commune d'Huriel (Allier).

(3) Boso de Corso (et beaucoup d'autres) dedit quicquid habebat in tota terra que vulgo Arcissas vocatur (du temps de Roger, abbé de Dalon) (Cart. du Palais, f° 16-20). *Grangia de Arcissas* debet ecclesie sancti Desiderii (id. f° 82-83). — Archissac, commune de Bosmoreau, (les registres de Thauron font connaître qu'en 1612, cette localité faisait encore partie de la paroisse).

(4) *Grangia de Monte* (Cart. f° 82), ou *del Mon* (ibid. f° 6). — Le Mont de Transet, commune de Thauron. — *Grangia de Monte que est super Quinzac* id. f° 73.

(5) *Grangia de la Chesa*, (Cart. f° 82). La Chaise, commune de Thauron.

(6) *Grangia de Quinzac*, (Cart. f° 82). — Quinsat, commune de Mausat.

la grange d'Archissac, on rencontrait celle de *Respissac* ou *Ruspizac*, sur la paroisse de Saint-Dizier (1).

A une faible distance au nord-est de Respissac se trouvait la grange de *Mairemont*, sur la paroisse de Janaillat ; cette grange était composée de deux parties principales, Mairemont et Bonnefont, elle a conservé seulement le nom de la seconde : c'est aujourd'hui le village de Bonnefont (2).

Au sud-ouest, et à une certaine distance, sur la paroisse de Mérignat, était située la grange de *Langladure*, dont les terres s'étendaient en partie sur la paroisse de Montboucher (3). Au sud-est l'abbaye possédait la grange de *Beaumont*, sur la paroisse de Soubrebost (4).

Enfin, l'abbaye du Palais possédait en Limousin, dans la seigneurie de Châteauneuf, une grange appelé le *Sailent* (5).

En résumé, le nombre des granges cisterciennes qui se trouvaient sur le territoire de la Marche — ou pour mieux dire du département actuel de la Creuse —, ou qui en étaient tellement voisines que leurs terres s'étendaient presque jusque chez nous, était, au douzième siècle, d'une quarantaine environ.

Comment était composée au début — au moment où elles se sont créées — chacune de ces granges ? Deuxièmement, quelle était la division de la terre, à cette époque, au point de vue de la cul-

(1) *Grangia de Respissac*, (Cart. f° 82) ou *Respizac*, (f° 49) ou *Ruspizac* (f° 49). — Rapissat, commune de Saint-Dizier.

(2) *Grangia de Mairemont*, (Cart. f° 82) ;... Stephanus Coailaz dedit Deo et beate Marie et monachis dalonensibus quicquid ,. in terris de Mairemon et de Bona fon (f° 31) — Bonnefont, commune de Janaillat.

(3) *Grangia de Langladura* debet ecclesie de Marinac... (Cart. f° 82), l'Angladura, (*Documents historiques*, etc., p. 152, vers 1206). — Langladure, commune de Mérignat.

(4) *Grangia de Belmon*, (Cart. f° 82). Grangia de *Monte* que vocatur *Belmon*.., terra que dicitur de Monte et est juxta Sobebrose (id. f° 71). — Beaumont, commune de Soubrebost.

(5) *Grangia de Sailent*, (f° 79). Je n'ai pu retrouver le nom actuel de cette grange, elle devait être du côté de Bujaleuf. Est-ce la même que celle appelée « de saltu » qui avait des vignes ? (Cart. f° 25, 1203).

ture ? La réponse à cette double question se trouve facilement dans l'énumération que les chartes font des dépendances de chaque grange.

Les granges comprenaient, d'abord, des terrains propres au pâturage, terres en jachères, bois, forêts, prés, pacages, landes ; puis des terres cultivées ; enfin des étangs, des moulins à farine ou à tan, etc. On trouvera des détails sur ces différentes natures de propriétés dans les chapitres consacrés aux forêts, au pâturage et à la culture.

Dans la composition de chaque grange entraient en nombre variable, en plus des forêts et des terres incultes, des mas et des borderies, c'est-à-dire de petites exploitations agricoles plus ou moins étendues. Voici, à titre d'exemple, la consistance de quelques granges, prises dans des régions différentes.

Au douzième siècle, la grange de Montmaurel était composée de deux mas à Montmaurel, de deux autres à Méanas, et de deux borderies, la borderie du Bois et la borderie Négrer, avec toutes leurs dépendances (1) ; celle de la Chassagne, sans compter ce qu'il y avait à la Chassagne même, des mas de Tremolinetas, de Villemarmi, de Montevada, de las Maurelas avec ses prés et appartenances, de Bertinac, de la Vergne, des borderies de Rochefort et de Cherchauret, plus de trois septerées de terre sur le mas de Langlade (2).

La grange de Villechenille se composait des deux mas de Villechenille, le mas d'en haut et le mas d'en bas, du mas de Paizac et de la borderie de Raffcot, qui est entre Ajain et Villabubol (3) : celle de Grosmont l'était de deux mas à Grosmont, de deux autres à Melca, d'un cinquième mas à la Vilatte, et de deux borderies, l'une à

(1) Cart. Bonl. f° 53 ; 1221, id. f° 82. — Méanas, commune de la Serre-Bussière-Vieille.

(2) Cart. Bonl. f°s 108 ; vers 1145, id. ibid ; 1180, id, f° 110, 1184, id, f° 109 ; 1200, id, f° 111 ; 1202, id, f° 113 ; 1204, v. st. id, f° 114. — *Tremolinetas*, Trimoulines, c^ne d'Issoudun ; Villemarmi, id. ; *Bertinac*, Bertignat, c^ne de St-Pardoux-les-Cards ; *Montevada*. Donlevade, c^ne de St-Pardoux-les-Cards.

(3) Cart. Bonl. f°s 120, 121, et 123. — *Paizac*, Peyzat, commune de Glénic ; *Villabubol*, Villebèbe, commune d'Ajain.

Grosmont, l'autre à la Vilatte (1); celle de Bougnat comprenait Bougnat avec ses cultures, les mas du Peiro, de Folum, de la Rothe et de Montmarzo; etc. (2).

A la grange du Mont, on trouvait les mas du Mont, de la Chaussade, de Saint-Pierre, de Sasseplane et del Cluto, de la borderie du Mont et de plusieurs terres (3). De la grange de la Chaise dépendaient les mas de Faugairac, du Riu, de Polinlac, de Chairadel, del Peiro, de Masmartin, de la Faïola, les borderies de la Chaise, Chalvet, les deux borderies du Gros, et la terre des Jabreilles (4).

Voilà quelques exemples de la façon dont étaient divisés les différents biens des abbayes. Cette répartition était indispensable pour que l'administration fut facile, et l'exploitation profitable. Comment donc, sur ces vastes propriétés, le travail des champs était-il organisé?

IV

L'organisation du travail agricole

L'administration supérieure des domaines et la comptabilité générale n'étaient pas confiées aux mains de ceux qui les cultivaient. L'administrateur était toujours un moine; le directeur de la culture, chargé aussi de la comptabilité matérielle de la grange, était un frère convers.

L'administrateur était le *célérier*, c'est-à-dire le moine qui, dans chaque couvent était investi, sous l'autorité directe de l'abbé, de la gestion générale des intérêts temporels; son rang dans la hiérarchie cistercienne était élevé : dans les actes, il est nommé tantôt après

(1) Cart. Bonl. f°s 124, 131, 133, 134, 135; avant 1174, id, f° 138. — *Melca*, Mauque, commune de Glénic.

(2) Cart. Bonl., avant 1151, f° 178; f° 179; 1150, f° 180; 1188, id. f°s 180 et 181.

(3) Cart. Pal. f°s 6, 7, 8, 9, et 82.

(4) Cart. Pal, f°s 62, 63, et 81.

l'abbé, tantôt après le prieur (1). Parmi beaucoup d'autres charges, le célérier avait celle de recevoir les comptes des divers corps d'ouvriers de l'abbaye et ceux des frères convers placés à la tête des exploitations (2) : il devait inspecter les uns et les autres (3). Souvent aussi c'était entre ses mains qu'étaient faites les donations en faveur de l'abbaye ou de ses granges (4).

Parfois, quand les granges étaient nombreuses et disséminées sur une vaste étendue de pays, comme celles de Bonlieu, il y avait deux célériers, dont l'un était sous les ordres de l'autre ; le plus élevé en dignité s'appelait *célérier majeur*, et son aide portait le titre de *sous-célérier* ou de *célérier moyen* ; quelquefois même on l'appelait simplement le compagnon du célérier (5). Comme l'abbé, le célérier avait à sa disposition un courrier pour transmettre ses ordres aux maîtres des granges (6).

Les règlements défendaient à l'abbé de confier le soin des granges à aucun autre moine qu'au célérier (7). Cependant, il paraît que, dans quelques abbayes, un moine appelé *grangier* aurait été chargé, comme son nom l'indique, de la gestion des granges (8). Chez nous, ce moine grangier existait certainement à Bonlieu, mais on ne le trouve que là : l'abbaye de Bonlieu était de beaucoup la plus importante, et ce nom n'apparaît qu'après la constitution complète du

(1) Cart. Bonl. 1201, f° 60 et 1220, v. st. f° 30, après l'abbé ; id. 1220, f° 94 et f° 202, après le prieur.

(2) Nom. Cist. *Inst. capit. general.* p. 270.

(3) Biblioth Patr. Cist. à Fr. Bernardo Tissier, Bonifonte, 1660, T. I, p. 85.

(4) Cart. Bonl. 1190, f° 173 ; 1199, f° 197 1195, f° 110 ; etc, etc, etc.

(5) Cart Bonlieu, deux célériers 1180. f° 173 ; 1196, f° 18 ; *cellerarius major*, 1203, f° 51 ; *medius cellerarius*, 1201, v. st. f° 60 ; 1221, f° 85 ; *subcellerarius*, 1203, f° 51 ; *socius cellerarii*, 1198, f° 187 ; 1217 (f° 30).

(6) *Cursores abbatis et cellerarii* (Donation par Bernard de la Roche Aimon, 1219, Arch. Creuse, H. B. 9. *original*).

(7) Nom. Cist. *Instituta Capit. general.*, p. 266 ; et *Institutiones cap. gen.* p. 329.

(8) D'Arbois de Jubainville, *Abbayes Cisterciennes*, p. 232.

domaine ; il est donc vraisemblable que le grangier était simplement un sous-ordre, un auxiliaire du cellérier. Mais ce qui est incontestable, c'est que ce grangier était un moine, et non point un frère convers (1). Donc, que ce fut le cellérier ou le grangier qui gérât les granges, c'était toujours un moine qui avait la haute direction des granges en général.

Quant à la direction intérieure de chaque établissement agricole situé en dehors du monastère, c'était au contraire à un frère convers et non à un moine qu'elle était confiée (2), et il était interdit aux abbés d'y envoyer des moines autrement qu'à titre momentané et pour faire la récolte (3).

Le frère convers préposé à la direction de la grange portait le titre de *maître de la grange* (4). Il pouvait recevoir des donations au nom du monastère (5), et il avait quelques privilèges, entre autres

(1) *Grangiarius*, Cart. Bonl. 1219, f°s 119, 140 ; 1227, f° 81, etc.. *grangiarus... monachus*, 1220, v. st. f° 30 ; 1232, f° 94 ; 1233, v. st. f°s 21 et 161. Le dernier grangier nommé, Jean de Maenzac, (de Mainsat) était si bien moine qu'il fut nommé abbé de Bonlieu, (mort en 1237). Certains auteurs ont été induits en erreur sur la qualité du *grangier*, parce que le maître de la grange, qui était toujours un convers, a été appelé parfois *grangiarius* ; nous en avons des exemples (Cart. Bonl., *de Villacanina* 1198. v. st. f° 127 ; *de Maudard* 1199 f° 175 et 181, etc. Ramnulfus, *grangiarius* de Cassanea, (1199 f° 196) est appelé aussi *magister grangiæ* 1195 f° ; de même, Helias, *grangiarius* de Boniac est aussi appelé *magister grangiæ* (fin du XIIe f° 181).

(2) *Exordium*.. cap. XV, cité par d'Arbois de Jubainville, *Abbayes Cisterciennes*, p. 112. — On trouve peut être cependant, dans une de nos granges, une exception à cette règle : au XIIIe siècle, l'abbé de Bonlieu comparait à une transaction intéressant la grange de Bougnat, *assistantibus eidem cellerario et medio cellerario abbatiæ.., et fratre Petro monacho rectore dicte grangie* (Ar. Cr. H, B, 4, *original*, 1275 v. st). Peut-être après tout s'agit-il d'un frère convers appelé Pierre le Moine, ces frères étant toujours désignés par deux noms.

(3) Nom. Cist. *Instit. capit. general.*. p. 247-248.

(4) *Magister grangiæ*, de Villacanina, 1208, Cart. Bonl. f° 130 ; de Linayrolis, 1200, id. f° 193 ; 1210, id. f° 221 ; de Montmaurel, 1199, id. f° 71 ; de la Chassanea, 1203, id. f° 105, de Grosmont, 1180, id. f° 43, 1200, id. f° 137 : de Maldarn, 1220, id. f° 177 : de Mairemon, 1207, v. st. Cart. Pal. f° 32 ; de la Chesa, 1208, id. f° 45.

(5) Cart. Bonl. 1180, f°s 43 et 1203, f° 205 etc. Cependant les simples convers pouvaient aussi recevoir des donations : Cart. Bonl. 1182, f° 110 ; 1185, f° 89 ; 1184, f° 138 ; 1185, f° 125 ; 1196, f° 126, etc.

celui de rompre le silence pour s'entretenir avec les convers placés sous ses ordres. Mais, pour conserver la distance qui le séparait des moines, ces privilèges étaient extrêmement restreints ; il n'avait pas le droit, comme le dernier des religieux, de monter à cheval, quelque fut la distance, quand ses fonctions l'appelaient à l'abbaye (1).

Sous l'ordre du maître de la grange, travaillaient les frères désignés sous le nom de *convers*, plus ou moins nombreux dans chaque grange, suivant les nécessités du service. Qu'étaient donc ces convers chargés du travail des champs et sur qui reposait la prospérité matérielle de l'ordre tout entier ?

Les convers étaient des hommes qui, par défaut d'une instruction suffisante ou par esprit d'humilité, ne pouvaient ou ne voulaient, tout en disant au monde un éternel adieu, aspirer à l'honneur si envié d'être moines. La plupart des convers sont des paysans des environs, — leur nom le prouve (2), — des mortaillables (3) qui viennent demander au monastère un asile et le moyen d'acquérir par le travail de leurs bras, une récompense surnaturelle ; parfois aussi on voit des fils de seigneurs solliciter comme une faveur ces rudes et modestes emplois (4).

Toute la vie du convers se résume en deux mots : mériter une éternité heureuse par l'obéissance et le travail ici-bas. Les sculptures du curieux tombeau de Saint-Etienne d'Obazine représentent les convers appelés au tribunal du Souverain Juge ; ils sont accompagnés d'un mouton, symbole des troupeaux qu'ils ont gardés pendant leur vie terrestre ; près d'eux, on voit trois arbres, un chêne, un poirier et un cerisier, que ces ouvriers moines ont

(1) D. Martène, IV, (Regula conversorum ordinis cisterciensis, col. 1647-1652), col. 1649, E. ; cap. VIII, *de magistro grangiæ*, id. col. 1650, A.

(2) Cart. Bonl. 1193, f° 174 ; 1196, f° 123 ; id. ibid. ; 1197, f° 111 ; 1217, f° 193. — Cart. Pal. 1208, f° 45 ; id. ibid. ; 1209, f° 45 (4 fois).

(3) Cart. Bonl. 1197, f° 160 ; id. 1204, f° 207.

(4) Cart. Bonl. 1213, v. st. f° 93. Il s'agit d'Amelius, fils d'Amelius deu Chauchet, de la famille seigneuriale du Chauchet (Le Chauchet est une commune du canton de Chénérailles).

cultivés eux-mêmes : ce sont de précieux titres à la miséricorde divine (1). Le travail, voilà, avec la prière, le grand devoir du convers : aussi, la règle exige-t-elle que tout novice aspirant à cet état soit capable de faire « le travail d'un mercenaire (2) ».

Les convers remplissaient des fonctions diverses. Il y avait d'abord le maître de la grange ; puis l'hôtelier (3), et les ouvriers de tout genre occupés à l'intérieur, les charpentiers, les cordonniers, etc., (4) ; les ouvriers assignés au travail du dehors, comme les charretiers (5) et les bouviers (6) ; enfin, ceux qui étaient chargés du soin des troupeaux, du labourage, de la moisson, et des autres travaux des champs.

Quant les convers étaient trop nombreux pour que l'abbé et le prieur pussent exercer sur eux une surveillance efficace, ils étaient placés sous l'autorité d'un moine, le *maître des convers*, qu'il ne faut

(1) Le tombeau de Saint-Etienne se trouve dans l'église d'Aubazine ou Obazine (Corrèze) ; c'est une œuvre de la dernière moitié du treizième siècle. Il est en pierre ; sa forme est celle d'une châsse percée à gauche de six et à droite de cinq arcades à jour. Sur les deux pentes de la toiture de l'édicule sont disposées six arcades trilobées, dans lesquelles se voient des représentants de toutes les classes de l'ordre de Citeaux : au nord est figurée la vie terrestre, la résurrection est sur la pente du midi. L'abbé Texier a publié une description de ce tombeau dans les *Annales archéologiques* de Didron aîné, T. XII, Paris, 1852, p. 384-392. — En 1885, je suis allé à Aubazine, afin de pouvoir me rendre compte *de visu*, d'après un document contemporain, de l'*habitus* des convers cisterciens : il est à remarquer que ces convers ne se distinguent pas seulement par le costume du groupe des abbés et des autres moines, mais l'expression de leur figure et l'attitude entière revèlent la nature de leurs occupations habituelles. Aujourd'hui, ce tombeau peut être étudié avec facilité, il en existe un moulage de grandeur naturelle au musée du Trocadéro (coté : 91, C).

(2) Nom. Cist. *Libel. antiq. defin.*, p. 570.

(3) *Hostalarius*, Cassaneæ, 1197, Cart. Bonl. f° 111 ; Albæ terræ, 1200, id. f° 19 ; 1217, f° 153 ; de Linairolis, 120, f° 212.

(4) *Carpentarius* ou *Carpentator*, cart. Bonl. 1196, f° 19 ; à Aubeterre, 1200, id. f° 191. ... de sutorio, Cart. Bonl. 1233, v. st. f° 21. Guido, Johannes, sutor, conversi, 1210, Cart. Palais f° 13.

(5) *Quadrigarius*, Cart. Bonl. 1190, v. st. f° 94 ; 1203, v. st, f° 20 ; 1233, v. st, f° 207.

(6) *Bubulcus*, à la Chassagne, Cart. Bonl. 1196, f° 110.

pas confondre avec le maître de la grange. Le maître des convers n'était chargé que de la direction spirituelle du personnel. Non seulement à Bonlieu, où le grand nombre des convers est attesté par ce fait qu'ils avaient un cloître spécial (1) — ce qui, au témoignage de Denys de Sainte-Marthe, est un signe certain de l'importance d'une abbaye (2), — mais à Aubeterre, simple grange, nous trouvons un maître des convers (3).

Les convers avaient librement choisi la vie religieuse, et à ce titre ils étaient soumis à certaines obligations ; mais c'étaient des religieux voués au travail manuel, et les prescriptions de la règle à laquelle ils obéissaient concouraient à rendre ce travail facile et productif.

Ainsi, ils étaient tenus de faire certaines prières, mais ces prières étaient bien moins nombreuses que celles des moines, et comme ils ne se servaient pas de livres, ils remplaçaient les psaumes par des *Pater* (4). Au lieu d'avoir, ainsi que les moines, le chapitre tous les jours, les convers ne l'avaient que le dimanche ; l'accusation des fautes et le sermon en faisaient l'objet principal (5). Par suite des vœux qu'ils avaient prononcés, ils étaient soumis à la règle du silence imposée aux moines, mais avec moins de rigueur ; nous verrons même qu'en plusieurs circonstances ils en étaient dispensés (6). Ils communiaient sept fois l'année, et ils étaient tenus de chômer, outre les dimanches, les fêtes de la Vierge et vingt-quatre autres fêtes (7).

(1) *Claustrum conversorum*, Cart. Bonl. 1213, fo 93.

(2) Gallia Christiana, II. col, 624 « ipsius (de Dalon) *porro dignitatem testatur quod in eà tria claustra, monachorum, conversorum, et hospitum extitisse legimus.* »

(3) *Magister conversorum*, à Bonlieu, 1207, v. st. fo 216 ; 1213, v. st. fo 93 ; 1221, v. st. fo 85 ; à Aubeterre, id. 1217, fo 153.

(4) Nom. Cist. *Instit. cap. gen.* p, 361.

(5) Martène, IV, col. 1648 ; et Nom. Cist. *Instution. cap. gen.* p. 358.

(6) Nom. Cist. *de locis ubi conversi tenent silentium*, p. 359 Les autres vœux étaient ceux de chasteté, de pauvreté individuelle et d'obéissance.

(7) Nom. Cist. *de diebus quibus communicant conversi*, p. 357 ; id. *de festis in quibus non laborant conversi*, p. 356 et Martène, IV, col. 1648.

Dans le costume on retrouve l'association du religieux et du laboureur. Comme les moines, les convers portaient une tunique, c'est-à-dire une robe étroite à manches qui descendait jusqu'à mi-jambe : c'était le vêtement de dessous. Par-dessus, ils avaient la chappe, sorte de robe de laine ; et pour aller aux champs, ils se couvraient les épaules et la poitrine avec le capuce : ceux qui passaient leurs journées entières exposés aux intempéries, comme les bouviers, les charretiers et les bergers, avaient la faculté d'allonger ce capucet de façon à se protéger la plus grande partie du corps. Les vêtemens, étaient de laine commune et non teinte ; les peaux qui les recouvraient pendant les plus grandes rigueurs de l'hiver devaient être simples et grossières, et quand elles commençaient à s'user, il n'était permis de les réparer qu'avec de vieilles étoffes. Quand le genre d'occupations et la température l'exigeaient, l'usage des gants de cuir ou des mitaines d'étoffe étaient permis, suivant les cas. Les frères convers étaient chaussés de bas et de souliers ; et dans certaines occasions, ils pouvaient porter des bottes (1). Au contraire de l'usage suivi par les moines, ils ne se rasaient jamais la barbe (2).

En résumé, cette tenue, si admirablement adaptée aux occupations imposées aux frères convers, se rapprochait beaucoup du costume que tout le monde portait alors.

Dans toutes les parties du règlement on retrouve cette alliance de la vie religieuse et des exigences du travail agricole. Dans les granges, les jeûnes étaient nombreux, — bien moins cependant qu'à l'abbaye, — on jeûnait, c'est-à-dire qu'on déjeunait au pain et à l'eau, les vendredis pendant la moitié de l'année, les veilles des fêtes des principaux saints, tout l'Avent et tout le Carême (3) ; l'abstinence de viande y était perpétuelle, la nourriture consistant exclusivement en légumes non accommodés au gras, très rarement en

(1) Nom. Cist. *Inst. cap. gen.*, p. 362-363. — Gallia Christiana, T. IV, p. 981. — Sur le tombeau de Saint-Etienne d'Obazine le visage des convers est représenté avec toute la barbe.

(2) Exord. ch., XV. Cité par d'Arbois de Jubainville (Abbayes Cisterciennes, p. 135).

(3) Nom. Cist. *de cibo conversorum et mixto*, p. 360.

poissons, et exceptionnellement seulement — chose surprenante — en fromage, en beurre, en lait et en œufs (1). La boisson, en règle générale, était de l'eau pure (2).

Voilà pour la mortification religieuse, mais la dureté du labeur exigeait une compensation ; pour réparer les forces, il fallait que la quantité suppléât à la qualité. « Un moine qui a le ventre vide, disait un abbé cistercien, ne peut bien travailler. Saint Bernard a fait un sermon contre les religieux qui ne prennent pas la nourriture nécessaire. Les aliments dont nous usons sont peu fortifiants. On doit donc en manger jusqu'à ce qu'on soit rassasié complètement (3) ». L'abbé avait la faculté de donner, en cas de nécessité, un supplément de nourriture (4). Les anciens règlements cisterciens permettaient, à l'époque de la plus grande fatigue, c'est-à-dire pendant la moisson, d'élever le nombre des plats à quatre par jour, et la livre de pain habituelle était augmentée d'une demie livre (5).

De Pâques au 13 septembre on se levait dans les granges avec le jour ; à l'automne et au printemps, un peu avant le jour, seulement le temps de faire des prières assez courtes ; au cœur de l'hiver, on se levait après avoir dormi les trois quarts de la nuit (6). Les convers devaient toujours être plusieurs ensemble au dortoir ; les bergers seuls pouvaient être dispensés de venir coucher à l'abbaye ou à la

(1) Martène, T. IV, col. 1651. — En cas de maladie, les légumes pouvaient être accommodés au gras ; le laitage et les œufs étaient interdits pendant les temps de jeûne ; et, dans les granges, il était défendu de consommer le lait et les œufs produits sur place, il fallait que ces denrées vinssent de l'abbaye.

(2) Mart. T. IV, col. 1651 et 1284. — Cependant, à la fin du douzième siècle, l'usage du vin s'était introduit dans quelques granges, mais alors on n'avait qu'un plat par jour.

(3) Césaire, *Dialogue miraculeux*, ap. *Bibli. pat. cist.* II, 112, cité par M. d'Arbois de Jubainville, p. 126.

(4) Nom. Cist. *Usus. ord. cist.*, de refectione, p. 180.

(5) Id. *Usus. ord. cist.* p. 181 (in notâ) et id. *de tempore secationis et messionis*, p. 190.

(6) Id. *Institut. cap. gen.* de conversis quando surgant ad vigilias, p. 355 ; id., *Libellus ant. def.*, de vigiliis et horis conversorum, p. 571.

grange, quand l'éloignement du pâturage l'exigeait impérieusement (1) ; mais le cas ne devait pas se présenter chez nous.

C'était sur le labeur des frères convers que reposait toute l'organisation agricole des domaines des abbayes ; les convers avaient parfois, cependant, des aides qui partageaient avec eux les fatigues du travail des champs. Les moines eux-mêmes, venaient, aux moments où la besogne était pressante, mettre la main à l'œuvre ; mais leur concours était, dans les granges, purement accidentel : celui des mercenaires était, au contraire, fixe et permanent.

Si plus tard, vers la fin du treizième siècle, la diminution du nombre des convers força les abbayes à changer leur mode d'exploitation agricole et à confier leurs granges à des fermiers séculiers (2), il est certain que dans notre pays, et à l'époque dont nous nous occupons, les mercenaires ne pouvaient être que de simples auxiliaires, employés comme domestiques, comme varlets de ferme, ou comme colons pour certaines terres trop éloignées de la grange. Les mentions les plus anciennes relatives à des ouvriers mercenaires séculiers remontent seulement au commencement du treizième siècle, et elles ne deviennent communes que dans la fin de ce même siècle (3). Il est permis d'en conclure qu'auparavant les granges étaient habitées et cultivées uniquement par les frères convers.

Nous connaissons les habitants de la grange, et le genre de vie qu'ils y mènent. Il nous faut maintenant les voir en pleine cam-

(1) NOM. CIST. *Instit. cap. general.*, de armentis sive pecudibus, p. 263.

(2) Martène, IV, col. 1418 et 1421 ; NOM. CIST. *Libell. ant. definit.*, de terris tradendis... p. 564.

(3) *Mercenarii*, employés au service de l'abbaye ; Prébenoit, 1208, charte originale ; Cart. Bonl. 1217, f° 80. — *Coloni seculares*, id. 1221, v. st. f° 73 ; id. 1227, f° 81 ; 1249, Bonlieu, H. 24, original. — *Homines seculares habitantes* (dans les granges) à la Chassagne, 1247, Bonlieu, H. 24, *original*, et Cart. Bonl. f° 110 ; à la Réjade, 1268, v. st., Aubignac, H. A. 2, *original*, et Cart. Aub. L. 6, t. 12 ; à Lauberte, Beauvais et la Grelera (près Azerables) 1274, id. A. 4, *original* et Cart. Aub. L. 9, t. 5 ; à Bounial, 1276, Bonl. H. B. 40, *original*.

pagne, accompagner les laboureurs ou les moissonneurs dans les cultures, et suivre les pâtres à travers les landes ou sous le couvert des bois. C'est avec ces derniers que nous commencerons notre excursion, et nous nous dirigerons d'abord vers la forêt : au moyen âge, en effet, la forêt joue un grand rôle dans la vie rurale ; non seulement elle offre à profusion le bois pour les divers besoins, mais elle fournit une part considérable de la nourriture des troupeaux.

V

Les Forêts

A l'époque où les moines cisterciens s'établirent dans la Marche, le pays était incontestablement plus boisé que de nos jours : c'est une loi générale que la forêt disparaît devant le progrès de la civilisation matérielle. Il ne faudrait cependant rien exagérer, et ce serait une idée très fausse que de se représenter la Marche du moyen âge comme une sorte de fourré, entrecoupé de landes et de marais, et parsemé de quelques rares hameaux.

La densité de la population, attestée à chaque page de nos cartulaires, est incompatible avec l'existence de forêts par trop nombreuses et par trop étendues. Une comparaison entre l'état forestier de la région au douzième siècle et l'état actuel — comparaison complétée et éclairée par certains documents du dix-huitième siècle et par d'autres du commencement et du milieu du dix-neuvième — montrerait peut-être que depuis cent ans et même depuis cinquante ans, il s'est détruit plus de bois que dans le long espace compris entre le douzième siècle et le commencement de celui où nous vivons.

Voici, tracé dans son ensemble, le tableau des richesses forestières de la Haute-Marche vers la fin du douzième siècle.

Un massif boisé important occupait la région qui forme l'angle nord-ouest du département actuel de la Creuse. Disposés suivant une ligne droite, longue d'environ dix kilomètres, — depuis la Faye, commune de Parnac (Indre), jusqu'à Glatignat, commune d'Azerables, — des bois s'étendaient sur la rive gauche de l'Abloux et sur celle du ruisseau, son affluent, qui coulait aux pieds de l'abbaye d'Aubignac; ils étaient, dès lors, non pas continus, mais divisés en cantons distincts : tout à fait à l'extrémité nord, la Forêt-Baster; puis, en descendant vers le sud, les bois d'Aubignac-*communaus*, le bois Chardon, le bois Chaperon, enfin, la forêt de Beaumont (1). Chacune de ces divisions, sauf la dernière, était possédée par de nombreux propriétaires, et soumise à des droits exercés par une foule d'usagers (2), parmi lesquels des donations successives ou des acquisitions vinrent faire une place à l'abbaye (3).

De tous ces bois, il reste encore aujourd'hui des parties assez considérables. La Forêt-bâtée semble moins étendue qu'elle ne l'était; du bois Chardon et du bois d'Aubignac, déjà entamés au treizième siècle, on ne retrouve que d'insignifiants débris (4); mais la forêt de

(1) Foresta que vocatur *Foresta-Baster* (Aubig., Acquisition de la Forêt-bâtée. II. A. 2, *original*). *Foresta-Baster*, la Forêt-bâtée, village de la commune de Parnac (Indre). — Quod nemus vocatur *Albiniacum commune* situm inter Forestam-Baster, et nemus dictum *Chardon*, et forestam de *Bello-monte* et abbatiam de Albiniaco..., nemus quod vulgariter appellatur *Bochaparon* de Albiniaco, 1274, v. st (Aubg., *vente du bois Chaperon par P. Porret*, II. A. 3, *original*). — *Albiniacum commune... Albiniac* [*um*] *Chardon*, 1267 (*Acquisition des bois commun d'Aubignac*, II. A. 2, *original*). — *Foresta de Bello Monte*, Beaumont, commune de Saint-Sébastien.

(2) Nemus *commune* vel *Albiniac* [*um*] *communaus*, 1200, (Aubig. *Acquisition du bois commun* d'Aubignac, II. A. 2. original). — *Nemus porcionariorum* situm in Foresta-Baster, 1276 (Aubig. *Acquisition de portion de Forêt-Bâtée*, II. A. 2, *original*). — En 1267, Raoul Pot, chevalier, seigneur d'Abloux (*de Ablos*) près Saint-Gilles (Indre) vend la *seizième* partie du bois commun d'Aubignac, (Aubig. *Acquisition*, etc., voir ci-dessus note 1).

(3) Cart. Aub. *Donation de Garnier du Doignon*, 1194, p. 2. — Id. Charte de W. (S. Guillaume Ier de Donjon, du 23 nov. 1200 au 11 janvier 1209 [arch]evêque de Bourges et primat d'Aquitaine), constatant une *transaction entre G. Porret et P. Porret, et l'abbaye d'Aubignac*, A. 2, *original*. — Aubign. *Transaction entre l'abbaye et Hugues de Brosse* (Hugo de Brucia, miles, dominus de Dune et de Castro Clop) *au sujet des droits d'usage dans le bois Chardon*, 1274, A. 4.

(4) Le défrichement du bois d'Aubignac doit être assez récent ; on

Beaumont occupe encore une assez grande surface, depuis le village de ce nom, dans la commune de Saint-Sébastien, jusqu'à Beauvais et jusqu'à Lignat, au nord duquel elle remonte, commune d'Azerables.

Au sud-est de cette forêt et à une distance de huit kilomètres environ, après avoir rencontré quelques bois de moindre importance, on trouvait une forêt assez vaste, connue sous le nom de forêt de Vercilhac ou de Saint-Germain ; les religieux y avaient des droits d'usage. Cette forêt s'étendait entre la grange de la Réjade et le bourg de Saint-Germain (1) : c'est la forêt de Saint-Germain-Beaupré, telle qu'elle était il y a peu de temps, peut être telle qu'elle est encore.

L'abbaye d'Aubepierre était entourée de tout côté par les bois : les uns lui appartenaient, les autres appartenaient aux seigneurs du voisinage ou au prieuré de Chambon-Sainte-Croix, mais avec droits d'usage au profit de l'abbaye. Au nord-ouest, sur la rive droite du ruisseau, le coteau disparaissait sous les arbres (2). La portion la plus considérable, située au nord et à l'est de l'abbaye, portait le nom de forêt du Féchaud ; cette forêt était balisée et divisée en plusieurs tènements désignés par des noms différents : elle appartenait à un grand nombre de propriétaires et s'étendait sur les deux paroisses de Méasnes et de Lourdoueix-Saint-Pierre (3).

lit, dans un travail qui remonte à trente ans, le passage suivant : « Nous avons à mentionner, à 200 ou 300 mètres de l'abbaye, dans les bois qui en dépendaient, un vieux chêne creux de 8 mètres de circonférence, dont les parois n'ont que 0m20 centimètres d'épaisseur (*Mémoires des Antiquaires de l'Ouest*, XXVI, Poitiers, 1862, p. 319).

(1) ... forestam de Moncendal (?) et illam quæ dicitur de *Sancto Germano*, 1203. Aubig. *Donation de G. vicomte de Brosse*, Cart. L. 6, t. 5)... foresta de *Vercilhac* quæ sita est inter grangiam... la Raljada et sanctum Germanum, 1245 (Aubig. *Donation de Béraud de Copiac*, II. A. 2, *original*).

(2) Arrentement du village de la Grange, 1385 (Aubep. II. 103).

(3) Seguinus de Lineriis..., Aimericus, Iscmbardus et Petrus Aiazco (et bien d'autres) donaverunt omnia nemora sua, nemora ad, *etc.* ; Aimericus Aiazco dedit in silva Fa:a quantum discernunt incisiones arborum quas *lais* vulgo nominant ;... in ea divisione quæ pertinet ad

Plus à l'est encore, on rencontrait la forêt de Fauchart, sur les paroisses de Lourdoueix-Saint-Pierre et de Chéniers ; elle devait occuper la plus grande partie de l'espace compris entre le bourg de Lourdoueix, la Chebrelle (paroisse de Lourdoueix) et l'Aiguille et l'Age (paroisse de Chéniers) : l'abbaye n'a jamais eu que des redevances sur cette forêt déjà en partie en culture au treizième siècle (1). A l'est d'Aigurande, et tout à l'extrémité de la paroisse de Lourdoueix, il y avait les bois du Bourliat et d'Estinières (2) ; enfin, au sud de l'abbaye, sur la rive gauche de la Petite-Creuse, en face l'embouchure du ruisseau au bord duquel était bâti le monastère, les escarpements du coteau étaient recouverts par la forêt de Parnac (3).

Que reste-t-il de ces bois ? De ceux qui entouraient et avoisinaient l'abbaye d'Aubepierre au douzième siècle et qui avaient encore, en 1740, une contenance d'environ 500 arpents (4), quelques parcelles ont survécu ; mais elles disparaissent de jour en jour. La forêt du Féchaud, qui recouvrait les deux rives du ruisseau de Champaville

parrochiam de Oratorio sancti Petri, nam in parrochia de Measnis etc., vers 1154 (Cart. Aubep. p. 11-14). — .. in nemoribus suis (du prieuré de Chambon) quæ prope abbatiam sunt... 1184. *Documents.* etc., Limoges 1883, I, p. 138. — In parte nemoris de Feschau .. 1209, Aubep. *Transaction avec Pierre Ajasson, seigneur de Nouzerolles,* II. 98. In nemore desuper stagnum de Albis petris quod vocatur nemus du Plais, 1247, Aubep. *Donation de Giraud de Dun, chevalier,* II. 98, original. — In nemoribus de *Faia,* et *Roserio* (le bois Rouget, 1740, Duval, Chartes communales, p XXIII) et de *Agia,* Cart. p. 19).

(1)... foresta de Fauchart sita in parochia de Oratorio sancti Petri, 1258, v. st. (Aubep. *Donation de Philippe de Malval,* II. 101, original)... in parrochiis de Oratorio sancti Petri et Champnet, 1266 (Cart. p. 51).

(2) Nos (abbas et conventus) habebamus plenum usuagium in nemore de Formeralli ? et in foresta d'*Estanheras* et sanctos-Arbeot(?)., 1267, Cart. Aubep. « Tiltre primordial de Champvillan », p. 144.

(3) Homines.. de Lafforges usuagium habebunt in nemore de *Guntsanna,* 1211, Aubep. *Donation d'Eudes de la Marche,* II. 101. D'après le cartulaire inédit d'*Aureil,* qu'a bien voulu me communiquer M. de Senneville, il est parlé, auprès du village des Forges, des bruyères de *Guntsanna ;* ce lieu doit être à l'extrémité nord-ouest du bois de Parnac.

(4) Duval, *Chartes Communales,* Introduction, p, XXIII.

et s'étendait sur la paroisse de Lourdoueix, du côté de Péodon, n'est plus représentée que par quelques petits bouquets de verdure, huit ou dix, situés près de Champaville : encore sont-ce des pâturages boisés plutôt que de véritables bois. Au nord de l'Abbaye, le long du ruisseau qui vient de Méasnes, on retrouve quelques débris assez étendus des anciens bois, et aussi, près de Méasnes, le bois des Fosses. Quant à la forêt de Fauchard, il n'en reste plus rien, si ce n'est quelques arbres non loin de la Chebrelle, quelques autres sur le versant du ruisseau auprès de l'Age (Chéniers), et des parcelles de taillis près du village des Gourdes et de Lourdoueix-Saint-Pierre. Les bois du Bourliat étaient à peu près intacts, il y a quelques années ; des défrichements, terminés en 1885, en ont fait disparaître une notable partie, mais il en reste encore plus de la moitié, laquelle comprend la portion donnée en 1163 à l'abbaye d'Aubepierre par celle du Landais. Les bois de Parnac étagent toujours leurs masses de verdure, entre Chambon-Sainte-Croix et Puy-Landon, sur la pente du coteau abrupt qui descend au lit de la Petite-Creuse.

Près de Châtelus-Malvaleix, l'abbaye d'Aubepierre possédait une forêt, qui dépendait de son importante grange de Chibert. Cette forêt, située sur la paroisse de Roches, était composée des bois de Noire-Vergne, de Moulière, du Bourliat, de Bagnat et de l'Age de Mazérat : elle était limitée par des bornes et par des tourelles, dont l'une s'appelait la tourelle des Treize-vents ; une autre, connue sous le nom de tourelle de Lassalle, était sur le chemin du Bourliat à Roches, et séparait les bois de l'abbaye de ceux qui appartenaient au seigneur de Courjat (1). Cette forêt est à peu près

(1) ... Nemora de *Nigra Vernia*, de *foresta de Moleria*, de *Brolhalo*, de *Bagnat* et *Agia* de *Mazerac*... cum terminis istis.. turel [lum] de Tresdecem ventis... et ad turrellum de Lassalla..., Petri domini de Corgac, 1261, Aubep. *Accord devant le sénéchal de la Marche entre l'abbaye et Géraud et Hugues de Ladapeyre*, H. 96, original). — Le Bourliat, Bagnat, Courjat, villages de la c^ne de Roches. — Ce texte est intéressant, parce que, bien qu'il soit fait mention ailleurs de garenna et de défens — (à Estinière, Lourdoueix-Saint-Pierre) Cart. Aub. p. 144 ; au Puy, (Bétête) fin du XIIIe, don. H. Ademari, copie 1754 ; à Quinsac (Mansat) Cart. Pal. p. 1 ; — il est un des rares textes où l'on trouve une trace de la distinction entre le bois ouvert à tout

détruite aujourd'hui, sauf quelques débris dans la partie sud; les bois du seigneur de Courjat, plus favorisés, existent encore (1).

Dans ce même canton de Châtelus, plus au nord, se trouvaient les possessions de l'abbaye de Prébenoit. Au delà de l'abbaye, en Berry, mais dans le diocèse de Limoges, les seigneurs de Nouzerines avaient concédé des droits d'usage sur leurs bois (2). Les religieux possédaient aussi, non loin des murs du monastère, la forêt d'Ecosse, qui leur avait été donnée par de nombreux bienfaiteurs (3), et plus près encore, celle de Moisse, qu'ils avaient reçue des seigneurs de Malval (4). Godefroy de Preuilly, seigneur de Boussac, et héritier de l'illustre famille de Déols, leur avait abandonné les bois de la Sagne-Guérin, ceux de la Trémoletta, du Montol et de la Forest-Vela, situés aux environs de l'abbaye, mais à une certaine distance, sur la paroisse de Saint-Dizier-les-Domaines (5). Dans le domaine de cette même abbaye était comprise la forêt de la Drule, dont la situation exacte n'est pas connue, mais qui était sans doute au nord de l'abbaye,

venant, bêtes et gens, *foresta*, et le bois, *nemus* —, ou la partie de bois, *nemus... de foresta de Moleria* —, dont l'usage est réglé comme celui de toute propriété dont on retire des produits réguliers.

(1) Outre les bois dont il vient d'être parlé, l'abbaye d'Aubepierre avait des droits sur plusieurs forêts situées en dehors des limites de notre département : sur la forêt de *Grenelle* ou du *Repaire*, entre Chavin et Pommiers (Indre), — *nemus... inter Chavagny et Fondonet*, fin du XIIe Aubep. II. 98, *original*; id, 1206, II. 100); sur des bois du côté de Gargilesse (*in nemore quod vocatur Agia Cantoris... apud Garialessa*, 1206, Aubep. II. 100, original).

(2) B. N. f. l. 17049, *Donation de Gérald de Nozerines* (Nouzerines, canton de Boussac) 1162, p. 379.

(3) *Cosset*, (Prébenoit, *Donation des Ademari*, 1190, copie de 1754)... *nemoris de Colset* (sic pour *Cosset*)... B. N. f. l. 17,049, *Donation d'Eudes de Déols, seigneur de Boussac, et de nombreux donateurs*, 1200, f° 377.

(4) Maiser et omne nemus. (Prébenoit, *Donation d'Aubert, seigneur de Malval*, 1223, *original*, et B. N. f. l. 16,049, f° 378; publié par l'abbé Roy-Pierrefitte, *Prébenoit*, Guéret, 1859, p. 11)

(5) Nemus quod est juxtà las sanas Garin... et la forest Vela et nemus de Montol... et nemus de la Tremoletta, (vers 1200-1208; Prébenoit, *Donation de Geoffroy de Preuilly* (postquam fuit dominus de Bozac (1208, *original*, charte collective).

sur la paroisse de Bêlête ou peut-être sur celle de Nouzerines (1). Enfin, derrière Boussac, presque en Bourbonnais, on avait fait don à Prébenoit des bois du Cleuseu et du Menil, l'un et l'autre sur la paroisse de Saint-Pierre-le-Bost (2).

Aujourd'hui, les bois de Moisse et d'Ecosse existent encore, mais sans doute amoindris, le dernier surtout; il en est de même de ceux donnés par les seigneurs de Nouzerines, aux environs de Montbeau. Le bois du Montyaud a également survécu, mais il semble qu'il dût être plus vaste et recouvrir les coteaux jusqu'aux environs de Puy-Maury; quant à ceux du Cluseau et du Ménil, situés près de Saint-Pierre-le-Bost, on les retrouverait sans doute parmi les nombreux taillis disséminés dans la région.

Tout près de ces derniers bois, en en voyait d'autres appartenant à l'abbaye de Bonlieu, laquelle était ici la voisine forestière de Prébenoit, comme elle l'était d'Aubepierre par les bois qu'elle possédait auprès de la forêt appartenant à celle-ci dans la paroisse de Roches. Nous reviendrons de ce côté après avoir visité les environs immédiats de l'abbaye de Bonlieu.

Ainsi que ses sœurs, cette abbaye était entourée d'une ceinture verdoyante. Les bois voisins du monastère lui avaient été donnés dès sa fondation par les seigneurs de Chambon (3); sur le plateau des coteaux de la rive gauche de la Tarde, se trouvait le bois Estrader, soumis à une foule de droits d'usage, — un bois *commun*, comme on l'appelait —, les religieux en avaient reçu le haut domaine de Renaud le Vieux, vicomte d'Aubusson : des donations successives, extrêmement nombreuses, en supprimant les redevances auxquelles ce bois était soumis, les en avaient rendus seuls propriétaires; mais ils partageaient avec les habitants du village de

(1) In nemore de la Drula, (vers le milieu du douzième, même indication que pour la précédente).

(2) Terra et nemus deu Cluseu et deu Mainil in parrochia sancti Petri lo Bosc, (fin du XIIe; Prébenoist, *Donation des Ademari*, copie de 1754). Le territoire de cette paroisse est encore aujourd'hui recouvert d'une partie des bois qui lui ont donné son nom.

(3) Cart. Bonl., donation d'Amélius de Chambon, f° 1.

Lichiac, la jouissance d'un autre bois voisin de celui-ci, le bois Foladeau (1).

Au sud de l'abbaye, se trouvaient les bois de Sermansanne et du Cros (2). A l'est, la grange de Montmaurel avait des droits sur tous les bois des seigneurs de Chambon (3). Au nord, mais à une longue distance, l'abbaye jouissait de droits pour elle et pour ses granges sur une vaste forêt, la forêt des Landes. De nombreux seigneurs avaient des droits féodaux à faire valoir sur cette forêt qui était, en outre, soumise à d'innombrables droits d'usage : c'était, dans toute la force du mot, — et c'est sous ce nom qu'elle est désignée dans les actes — une forêt commune (4).

La forêt des Landes semble avoir peu souffert des défrichements : avec le petit lac qui l'avoisine, elle constitue un charmant paysage, d'un aspect tout différent des autres sites de la Creuse. Au contraire, les bois avoisinant l'abbaye, ceux de Sermansanne, de Montmaurel ont complètement disparu, si l'on en excepte le coteau de la rive droite de la Tarde, en face l'abbaye, encore bien boisé ; du bois Estrader, déjà entamé au douzième siècle, et du bois Foladeau, il ne reste plus rien, à moins cependant qu'on ne regarde comme en ayant

(1) Id. Donation de Renaud IV dit le Vieux, pour le distinguer de son fils Renaud V (qui vivait en 1184-1200), vicomte d'Aubusson, et de Gérald de Saint-Priest, f°s 25 et 26 ; — de Pierre le juge de Payrat et de son frère Gérald, 1191, f° 27 et 1198, f° 30 ; — de Gui, vicomte d'Aubusson, 1194 (Roy-Pierrefitte, *Bonlieu*, p. 8 et 9, d'après l'original appartenant à M. Rogier, 29 août 1860) ; — de Humbaud de Secondac, 1208, v. st. f° 34. — Au dix-septième siècle, le bois Foladeau ou Foladel était le bois Feuilladeau et des Bonnettes, (B. N. f. l. 16958, f° 286).

(2) Donation de Pierre de Saint-Domet et de son fils, 1206, Cart. f° 33.

(3) Donation d'Amelius, fils de Guillaume de Chambon, id. f° 53.

(4) Donation d'Emenos le Bez de Saint-Chabrais et de ses cinq fils, de Marbode des Landes (Landas) et de son frère Galvaing, de Guillaume des Landes, etc., de Gerald de la Ville 1180, etc. etc., Cart. f° 41, 42 et 43. Donations d'Aalard de Gouzon (Gozoin) 1187, f° 42 ; de Guillaume de Gouzon et ses deux frères, 1188, f°s 42 et 43, et 1198, f° 198 ; — d'Etienne de Saint-Chabrais, 1202, v. st. f° 201 ; — d'Archambaud de Gouzon, 1205, f° 202.

fait partie, les taillis situés à l'ouest du village des Riboules, non loin de Lichiac.

Des bois qui existaient aux environs de la grange de Neyrolle, sur la paroisse de Saint-Chabrais, on trouve encore quelques restes, spécialement au-delà des Peyroux-Vieux, du côté de Busserolle (1). Au nord d'Ajain, sur le territoire de cette paroisse, sur la paroisse de Glénic et sur celle de Roches, était la forêt de Gorce, qui recouvrait les coteaux du ruisseau du même nom, appelé aujourd'hui le ruisseau de Mauque. Cette forêt s'étendait depuis le Rebeyret (lo Bayret) jusqu'auprès de Grosmont, et plus bas jusqu'à Lavaux; elle se composait de plusieurs tènements, entre autres, du bois de Cher-Peiros et de celui de la Côte-Arbert, et elle comprenait ou bordait un étang appelé aussi l'étang de Gorce (2). De cette forêt il subsiste aujourd'hui de rares débris, au nord de Grosmont, sur la petite route d'Ajain à Roches, et d'autres sur la rive droite du ruisseau, notamment une parcelle près de Lavaud.

Si nous nous dirigeons du côté de Boussac et du Berry, en passant par la Combraille, nous retrouvons les propriétés de Bonlieu. Près de Lépaud et de Nouhant, aux environs de la grange de Modard, on rencontrait des bois assez considérables, parmi lesquels celui de la Mazeire, sur le chemin qui conduisait à Bellefaye (3); ils paraissent avoir peu souffert du défrichement.

Dans cette même région, mais au delà de la petite ville de Boussac, c'est-à-dire en Berry, l'abbaye de Bonlieu possédait un domaine parfaitement boisé, avoisinant les possessions de l'abbaye de Prébe-

(1) Donation d'Aubert de Saint-Julien, Hélie et Azalard, ses frères, 1200 (?) Carl. Bonl. f° 194; de Jean Buxi, bourgeois de Chénérailles, 1211, H. B. 13, *original*, vidimus de 1324; id. de 1330.

(2) Donations de Pierre Malfaras, f° 124; de Pierre la Chèvre (*Capra*) f° 125; de Pierre et Gérald Donarel, 1199, f° 127, et 1205, f° 128; de Guinabert la Chèvre, 1206 f° 128; 1224, f° 124; de P. de Gorce, 1189, f° 134; et 1200 f° 137; de Jean Arnaud, 1208, f° 130.) — D'après Du Cange « *Gource*, dumus densus ».

(3) Donation d'Amélius de Chambon, Cart. f° 166 et 167. — Acte de 1180, Cart. f° 164.

noit. La forêt de Fossa-Lobeira dépendait de la grange de Bougnat : c'étaient les donations des seigneurs de Boussac, de la maison de Déols, et de leurs prévôts ou sergents qui avaient enrichi d'une partie de cette forêt le patrimoine de l'abbaye ; plus tard, les religieux avaient acquis la propriété de la moitié sur laquelle ils avaient seulement auparavant des droits d'usages (1). Cette forêt a été complètement arrachée, sauf d'infimes parcelles.

A la Chassagne, paroisse d'Issoudun, un bois croisait tout près des bâtiments de la grange (2) ; on l'y voit encore. La même grange avait reçu du comte de la Marche, en 1180, le droit de plein usage sur ses bois et sur ses forêts ; le principal objet de cette donation était sans doute la forêt de Chénérailles (3). Cette forêt existe toujours et elle présente la particularité de renfermer comme essence dominante une espèce de chêne très rare dans la Creuse, le *Quercus sessiliflora*, Sm.

Placée sur les bords du Taurion, l'abbaye du Palais se trouvait dans une région encore aujourd'hui admirablement boisée. Bien qu'il n'en soit pas fait mention dans le cartulaire, on ne peut douter que les bois qui s'étendent sur les deux rives du Taurion, principalement sur la rive gauche, entre Bosmoreau et Thauron, existassent dès lors, dominant d'un côté l'abbaye et de l'autre recouvrant la croupe du coteau sur lequel elle est assise. En revanche il est parlé,

(1) Donation de Geoffroy de Preuilly (commencement du XIIIe ?) et de beaucoup d'autres, f° 178 ; d'Amélius le Maigre (*lo Magre*), f° 179, et 183. Donation de parcours sur les terres d'Eude de Déols, seigneur de Châteaumeillant, 1206, H. B. 7, *original.* — Accense perpétuelle de la moitié du bois de Boniac, 1258, H. B. 14, copie. — Donation de Geoffroi *de Valle*, 1192, H. B. 4, charte partie, *original.*, de Geoffroi le Maigre, 1204, H. B 7, *original.* — Cependant, les seigneurs de Boussac possédèrent toujours une partie des bois de Bougnat : « le bois de Boniat échut à Pierre de Brosse, seigneur d'Huriel, ... partage de 1321 (la Thaumassière, *Histoire de Berry*, p. 651) ».

(2) Cart., 1197, f° 111. — Donation par Umbaud de Vanteis et Agnès sa femme, (contenue dans une charte de Jean de Veyrac, évêque de Limoges).

(3) Donation d'Aldebert (III) comte de la Marche, et de ses fils Aldebert et Bozon, Cart. f° 107. — Hors du département, l'abbaye de Bonlieu possédait des bois à Aubeterre et à la Croze, 1233, Cart. f° 161.

dès le milieu du douzième siècle, du bois de la Chaise voisin de ceux-ci, encore intact de nos jours (1), du bois d'Arcissas (2) dont il reste peut-être une partie près de Fontaneix, — c'est sans doute aussi de ce côté que se trouvait le bois de Saneuil (3), — du bois de Quinsac (4), enfin du bois de Fontloup où les moines avaient tous droits d'usage dès le commencement du douzième siècle (5). Seul le bois d'Arcissas a disparu ; les autres se retrouvent aujourd'hui, sans doute à peu près identiques à ce qu'ils étaient au moyen âge.

Tel était, d'après les cartulaires, le domaine forestier de nos abbayes (6). De ces bois, les uns — c'était la moindre partie — leur appartenaient en toute propriété ; sur les autres, les religieux n'avaient que des droits d'usage, plus ou moins étendus, et parfois en concurrence avec d'autres usagers plus anciens : on aura remarqué en effet, dans les pages précédentes, qu'il est parlé à maintes reprises de concessions faites dans des forêts déjà *communes*, c'est-à dire où les riverains ont divers droits d'usage (7).

(1) Cart. Pal. f° 63.

(2) Cart. Pal. f° 55.

(3) Nemus quod dicitur *Sanolia*, Cart. Pal. f° 30.

(4) Cart. Pal. f° 1 et 2.

(5) Hors de nos limites, l'abbaye du Palais jouissait de droits d'usage sur tous les bois appartenant aux sires de Pierrebuffière « in dominio de Castello-novo (Châteauneuf-la-Forêt, Haute-Vienne), » Cart. Pal. f° 70.

(6) Dans les extraits du cartulaire de Bénévent, il est parlé de « la forest juxta Peirot » dans laquelle Odo. Gérald et Geoffroi de Bridier et Ugo Barriol avaient donné le bois nécessaire « ad ædificandum et calefaciendum » à l'abbaye de Bénévent et aux églises de Saint-Aignant-de-Versillat, de Sainte-Marie de la Chapelle [-Balouc] et de Saint-Léger (B. N. f. l. 17116, p. 103). Cette forêt existe encore ; elle recouvre les flancs du mont Bernage ou des Trois-Cornes, près Saint-Vaury. — *Peirot*, le Peyroux, commune de Saint-Vaury.

(7) Sur le même sujet, voir aussi : *Chartes communales*, etc., par Louis Duval, archiviste du département de la Creuse, Introduction, p. XXVIII ; et *Les droits d'usage et de pacage dans les forêts d'Aubusson*, par Cyprien Pérathon, Mémoires de la Société des Sciences... de la Creuse, V. 1882-1886, p. 61 et suivantes.

Les droits possédés par les abbayes, comme ceux exercés par les autres usagers, peuvent se classer en deux catégories bien distinctes. Il y avait d'abord les droits relatifs à l'usage que l'on peut faire, pour les multiples besoins de la vie, du bois proprement dit, de la substance même des arbres ; il y avait ensuite les droits relatifs au profit que l'on peut retirer pour la nourriture des animaux, des terrains recouverts d'arbres, en recueillant ou en faisant consommer sur place les fruits de ces arbres, ou bien encore en faisant paître l'herbe, qui pousse sous les ombrages.

En ce qui concerne le bois même, les concessions confèrent le droit de prendre le bois de feu et le bois d'ouvrage (1). Presque toujours, ce droit est concédé sans restriction, c'est un droit plein et entier « *plenum et integrum usuarium* », qui n'a d'autre limite que celle des besoins de l'usager. Quelquefois cependant, il est borné à une certaine quantité de bois, ou à une certaine nature de bois : ainsi, du temps de Pierre, premier abbé de Bonlieu, les juges de Pairac donnent à l'abbaye, outre l'abandon de leurs « coutumes » sur le bois Estrader, le droit de prendre deux charges de bois chaque jour ou une voiture chargée chaque semaine, et en plus le bois de peu de valeur, comme le noisetier, le tremble, le menu bois (*los bez*), les épines et tout le bois mort (2). La concession du chauffage était quelquefois limitée à ce dernier (3) ; mais c'était une exception, l'usager avait habituellement le droit de prendre le bois, « tant vif que

(1) *Ad ædificandum et calefaciendum et ad omnes alios usus necessorios :* ces mots ou les équivalents se retrouvent dans toutes les chartes de concession. Dans une donation de 1218 on trouve le mot « Mérin », pour désigner le bois d'ouvrage (ad ædificandum) qu'il est permis aux pasteurs des moines (pastoribus) de prendre dans les bois des seigneurs de Fornols (Cart. Bonl. f° 75).

(2) Donation des juges de Pairac, avant 1151, Cart. Bonl. f° 25 ; et id. 1198, f° 30 ; et de Guillaume de Gouzon, 1172, v. st. f° 203. — *Pairac*, Peyrat-la-Nonière, canton de Chénérailles.

(3) Transaction sur le bois Chardon, 1274. Aub. A. 4, *original.* Donation de Guillaume de Gouzon sur le bois des Landes, 1188, Cart. Bonl. f° 43. — Dans les titres un peu postérieurs. Il y a une distinction exprimée entre le bois mort et le mort-bois, c'est-à-dire le genêt, la bourdaine, le fusain, les épines, les ronces, etc.

mort, tant sec que vert (1) ». Il est aussi arrivé que le concessionnaire se réservait certains cantons ou encore le droit d'être averti quand on venait abattre des arbres (2). Pour permettre l'exercice de ces droits d'usage, on accordait la faculté de faire des chemins à travers le bois afin que les charrettes pussent circuler (3).

Outre le droit général de ramasser et de couper le bois nécessaire à leur chauffage et à celui de leurs hommes, à la construction et à la réparation de leurs demeures et de leurs bâtiments d'exploitation, ainsi qu'à tous autres usages, les religieux reçurent parfois la permission expresse de prendre le bois nécessité par les besoins de la culture (4) : on trouve même l'autorisation de prendre des branches pour établir des haies, destinées sans doute à protéger les cultures contre les ravages du gibier (5).

Un droit qui se trouve mentionné dans plusieurs concessions est celui de faire du charbon (6); dans d'autres, au contraire, il est expressément refusé (7). Ailleurs, un autre droit consistait à prendre les branches nécessaires pour faire des cercles de tonneaux, ou bien à enlever l'écorce du chêne pour l'usage de la tannerie (8).

C'étaient là les droits sur les bois en tant que bois ; mais tout le monde sait quelles conditions favorables l'humidité produite par le

(1) ... *omnia videlicet ligna tam viva quam mortua, tam sicca quam viridia ad edificandum et calefaciendum et ad omnes alios usus*... Donation de la forêt de Fossa-Lobeira, 1204, H. B. 7, *original*.

(2) Donation d'Etienne de Saint-Chabrais, 1202, Cart. Bonl. f° 201.

(3) Donation de Guillaume de Gouzon, 1198, Cart. Bonl. f° 198.

(4) Donation de Guillaume de Gouzon, *omnia ligna ad excolendam terram*, 1188. Cart. Bonl. f° 43, et 1192, v. st. f° 203.

(5) Transaction avec Hugues de Brosse, 1274, Aubignac H. A. 4, *original*. Ce dernier droit était connu autrefois sous le nom de *ramage*.

(6) Id. H. A. 4, *original*. — Bois des Landes, Cart. Bonl. 1202, f° 201, 1203 v. st. f° 207.

(7) Sentence de l'archiprêtre d'Argenton relative aux dîmes de Fontdonnet, fin XIIe. Aubep. H. 98, *original*.

(8) Transaction avec Hugues de Brosse (*ad circulos faciendos*) 1274, H. A. 4, *original*.

couvert des feuilles présente à la végétation des graminées, et quelles ressources le sol des bois fournit à l'éleveur. Pour les Cisterciens en particulier, possesseurs de nombreux troupeaux, la concession des droits de pâture offrait un sérieux intérêt; en raison de leur importance, ces droits méritent un chapitre à part.

IV

Le Pâturage

« Labourage et pastourage, disait Sully, sont les deux mamelles où la France est alimentée. » Agriculteurs experts, les moines de Citeaux accordaient au « pastourage » le soin qu'il mérite. Par la force même des choses, l'entretien des troupeaux précède le défrichement; et, la mise en culture une fois opérée, l'élevage est encore indispensable pour rendre à la terre ce que la récolte lui enlève de fertilité et pour fournir des animaux de travail.

Les Cisterciens s'adonnaient avec succès à l'industrie pastorale; ils connaissaient les avantages que peut présenter l'acclimatation des races étrangères, et ils faisaient des essais (1). Il n'est pas douteux, étant donné l'organisation qui assurait entre les abbayes d'un même ordre des communications incessantes, que les expériences profitables ne fussent immédiatement connues et les produits de choix propagés dans les pays les plus reculés.

Installés dans nos régions, les moines comprirent vite que là, plus encore qu'ailleurs, c'était à l'élevage qu'ils devaient s'adonner: peu de régions en France se prêtent mieux à ce genre d'agriculture que la terre verdoyante de la vieille Marche. Les animaux qu'ils nourrissaient étaient des bœufs et des vaches, des moutons et des porcs (2);

(1) D'Arbois de Jubainville, *Abbayes cisterciennes*, p. 57.

(2) Ce sont là les seuls animaux énumérés dans nos chartes. — De curieuses prescriptions interdisent aux moines de Citeaux de posséder d'autres animaux que ceux qui sont d'une utilité certaine; il est défendu d'avoir de ces animaux qui sont pour la curiosité ou le simple agrément, tels que les cerfs, les ours, les grues, les paons. (Nom. Cist. p. 247, 253 et 316).

il est à peine question de chevaux, et il ne semble pas que l'on en eût plus qu'il était nécessaire pour le transport des personnes habitant le monastère (1).

L'entretien des troupeaux se fait de deux façons : on envoie les animaux paître dans les bois et sur les terres incultes, ou on les nourrit avec le foin tiré des prairies.

A cette époque, comme aujourd'hui pour les bœufs et les moutons, le pacage était le procédé le plus employé pour nourrir les bestiaux ; mais le rôle que jouaient les bois dans l'économie pastorale était de beaucoup plus considérable que de nos jours : les concessions de droits de pâturage à y exercer sont innombrables dans nos cartulaires.

La faculté de nourrir dans les bois les animaux s'appelait de noms différents, suivant qu'il s'agissait des porcs ou des animaux qui paissent l'herbe : pour les porcs, c'étaient les droits de glandée, de panage ou de paisson ; pour les autres animaux, c'était le droit de dépaissance. Nous nous occuperons d'abord des premiers (2).

La chair du porc étant au douzième siècle, comme au temps des Gaulois et comme naguère encore, presque la seule viande dont fissent usage les populations rurales, les droits qui réglaient le parcours des porcs dans les bois, avaient une sérieuse importance. Le droit de *paisson* n'était pas entièrement synonyme de celui de *panage* ; il ne comprenait pas, comme ce dernier, le droit de glan-

(1) Les mentions relatives à des chevaux sont extrêmement rares : *equum pretio sex librarum*, Cart. Bonl. 1205, f° 176 ; id. 1228, f° 70 ; *jumentis oneratis*, Cart. Pal. 82. — Audebertus de Rocacavardi dedit medietatem mansi de Gote pro quo habuit equum pretio centum solidorum, Extraits du Cart. Bénév. B. N. f. l. 17116, p. 112.

(2) A titre d'exemple, mais seulement à titre d'exemple, car des concessions analogues se retrouvent dans tous les actes relatifs à ces donations nous citerons la définition suivante du droit général de nourrir les animaux avec le produit de la forêt : *Stephanus de sancto Caprasio... in communi nemore de Landis... plenarium usuarium, scilicet pascherium omnium herbarum et omnium arborum... ad alenda et nutrienda omnia pecora et animalia... cujuscumque generis...; et tam ipsi Fratres... quam homines eorum, quando et quamdiu voluerint, intrandi et manendi liberam habeant facultatem, cum quibuslibet voluerint animalibus...* 1202, (Cart. Bonl. f° 201).

dée, c'est-à-dire qu'il n'autorisait pas l'usager à emporter hors de la forêt des glands pour la nourriture de ses animaux domestiques (1).

La très grande majorité des concessions faites à nos moines au profit des porcs de leurs granges consiste en droits de paisson ; on ne trouve qu'une seule fois le droit de panage expressément concédé (2). Quant à celui de paisson, les textes sont nombreux où il en est parlé (3); mais il n'est pas douteux que ce droit est compris implicitement, ainsi d'ailleurs que celui de panage, — tant les termes en sont généraux, — dans la foule de concessions de droits d'usage plein et entier accordés aux abbayes (4).

Ce droit de paisson était parfois délimité quant au temps (nous verrons plus loin pendant quelle période les bois étaient défendus) ou quant à l'espace. En 1203, Guillaume de Brosse stipule que les porcs des moines ne pourront entrer dans la forêt de Moncendal et dans celle de Saint-Germain que quand les autres porcs y entreront pour paître (5). Les seigneurs de Nouzerolles, en 1209, accordent aux religieux d'Aubepierre, l'usage dans leurs propres bois pour

(1) Du Cange définit ainsi la paisson : « *Panagium*, ut *pastio*, glandarius herbariusque porcorum pastus, gallicè *paisson* et *glandée* ». Malgré Du Cange, ces deux mots, au point de vue du droit, n'étaient nullement synonymes.

(2) Donation du prévôt de Saint-Benoit-du-Sault (à Mouhet) 1170, H. A. 3, copie.

(3) Donation sur le bois Estrader (Cart. Bonl. f° 26), sur les bois d'Amelius de Chambon (id. f° 1), sur le bois des Landes (f° 41), sur les bois et les forêts des comtes de la Marche, f° 107 ; donations de Guillaume de Gouzon pour Montmaurel, la Vilatte et las Chauduras, 1192 v. st. f° 203 ; d'Archambaud de Comborn, vers 1140, f° 88 ; de Geoffroi *de Valle* sur le bois de Boniac, 1192, H. B. 4, charte-partie, *original* ; sur le bois de Fontloup, Cart. Pal. f° 19.

(4) Il est à noter que ce droit avait parfois été inféodé et faisait l'objet d'une redevance : *Joannes Cachur, porcharius vicecomitis de Albuconio dedit quicquid habebat jure porchagii*, 1211, Cart. Bonl. f° 80. Le droit de paisson est mentionné plusieurs fois dans les extraits du Cartulaire de Bénévent (B. N. f. l. 17116) : dans les bois près de Laurière p. 115 ; dans les bois de Gerald de Pérusse, p. 85 ; dans les bois de la paroisse d'Arènes, p. 94 ; sur tous les bois de Guillaume Pot, du côté d'Aubignac, p. 119 ; mais il n'est pas parlé de dépaissance.

(5) Donation de Guillaume de Brosse, 1203, Cart. Aub. L, 6, t. 5.

tous les animaux, excepté pour les porcs que l'on doit en écarter au temps du pâturage des autres animaux (1). Guillaume Pot donne aux chanoines de Bénévent la paisson pour leurs porcs dans tous ses bois, mais seulement quand ceux-ci seront « ouverts » (2). La durée de la concession pouvait aussi être limitée : le prévôt de Saint-Benoit du Sault concède le panage des porcs dans les bois avoisinant l'Auberte et la Rémondière, mais pendant six années seulement (3).

Le droit de dépaissance, c'est-à-dire le droit de faire pacager les herbes et de cueillir les feuilles des arbres, était donné pour toutes sortes d'animaux domestiques, chevaux, bœufs, vaches, chèvres, moutons. Les donations de ce genre sont extrêmement nombreuses : en voici le relevé sommaire.

L'abbaye d'Aubignac avait le droit de dépaissance pour sa grange de la Rémondière, sur les bois de Garnier du Dognon ; dans la forêt de la Lande, pour une grange que les religieux avaient bâtie dans cette forêt ; sur le bois Chardon, appartenant à Hugues de Brosse, pour ses granges de Lauberte, de Beauvais et de la Grelère ; pour celle de la Réjade, dans la forêt de Saint-Germain-Beaupré (4).

L'abbaye d'Aubepierre jouissait du même droit sur la partie de la forêt du Féchaud située dans la paroisse de Méasnes, sur les bois des seigneurs de Nouzerolles avoisinant l'abbaye ; et pour sa grange de Fondonnet, sur une forêt près de Chavin ainsi que sur les autres forêts avoisinantes, et sur d'autres du côté de Gargilesse. Sans aucun doute, elle possédait des droits analogues pour sa grange de Chibert (5).

(1) Aubep. Cart. p. 19. La copie est très mauvaise, ce qui rend le sens obscur.

(2) B. N. f. l. 17116, p. 119.

(3) Donation du Prévôt de Saint-Benoit-du-Sault, 1170, H. A. 3 copie.

(4) Cart. Aubignac, p. 2 ; id. L. I. t. 3 ; — Transaction avec Hugues de Brosse, 1274, H. A. 4 original. Donation de Béraud de Copiac, 1245 H. A. 2, original.

(5) Cart. Aubep. vers 1154, pages 11-14 ; transaction avec les Ajasson 1200, H. 98, d'après Vidimus de 1238, original. Sentence de l'archi-

L'abbaye de Prébenoit avait la dépaissance dans les bois de Gérald de Nouzerines, et dans la forêt d'Ecosse (1). L'abbaye de Bonlieu envoyait ses bergers ou ceux de ses granges dans les bois d'Amélius de Chambon, voisins de l'abbaye, dans le bois Estrader, dans le bois commun des Landes ; la grange de Bougnat jouissait du droit de pâture dans la forêt de Fossa Lobeira (2). L'abbaye du Palais avait ce même droit, dès le temps de l'abbé Roger, sur la terre et sur la forêt de Fontloup (3).

Le droit de pacage s'appliquait, nous l'avons dit, à tous les animaux, et cela est presque toujours formellement exprimé : il y a cependant quelques exceptions, dans le but de protéger les forêts ; ainsi, les chèvres sont exclues en toutes saisons du bois Chardon appartenant à Hugues de Brosse, seigneur de Dun et de Châteauclop (4). Il était aussi expressément concédé pour être exercé en tout temps (5) ; mais il est expliqué dans de nombreuses donations que dans les bois taillis, l'exercice en sera suspendu pendant trois ans et un mai — c'est-à-dire jusqu'à ce que le bois ait fait quatre pousses de printemps — après la coupe, ou, s'ils venaient à être brûlés, le même temps après l'incendie (6).

prêtre d'Argenton pour les dîmes de Fondonnet, fin du XIIe, II, 98, *original*. — Transaction avec Eudes de Magnac, 1206 (vidimus *original*). Echange de forêts avec Pierre de Naillac, 1206, II. 100, *original*.

(1) B. N. f. l. 17049, f° 379. Donation des Ademari, Prébenoit 1190, copie de 1751 ; 1200, B. N. f. l. 17049. f° 377.

(2) Bonlieu Cart. f° 1, 25, 26 ; 1197, f° 27 ; 1194, Roy-Pierrefitte, *Bonlieu*, p. 8 ; 1208, Cart. f° 34 ; Cart. f°s 41, 42, 43, 198, 201, 209 ; 1192, II, B. 4, charte-partie, *original*. Donation de Godefroy lo Magres, 1204, II. B. 7, *original*.

(3) Cart. Pal. f°s 19 et 88.

(4) ... *exceptis capris*... ; Transaction, etc. 1274, II. A. 4, *original*.

(5) ... pasturas herbarum omni tempore, id est, tam estate quam [hyeme]... 1204 (Bonl. *Donation de Fossa Lobeira*, B. 7, original).

(6) ... abbas et conventus et homines debent cessare à... pasquerio et pasturagio per tres annos et unum majum in dicto nemore abscisso, et illo triennio et majo expleto... pasquerio et pasturagio uti poterunt pacificè et quietè.. 1274 (Aubignac, *Transaction avec Hugues de Brosse*, A. 4, original). — ... si dicta nemora amputarentur vel comburerentur in totum vel per partem omnia animalia... per tres annos

Ce droit pouvait aussi être limité à certaines parties du bois : Isambard Ajasson donna le pacage dans ses bois et dans ses pâturages du Féchaud, sauf dans la partie située sur la paroisse de Lourdoueix-Saint-Pierre (1). En général, la clôture opérait la délimitation et soustrayait la partie close à l'exercice du droit de pacage ; en 1209, Eudes Ajasson et son frère permettent aux religieux d'Aubepierre de planter des bois, de les défendre et de les garder sur leurs terres dans toute l'étendue de leurs fiefs, à eux seigneurs ; et ils reconnaissent aux moines le droit de clore par un fossé les bois près et en face de l'abbaye et ces bois seront exempts de tout usage et de toute coutume. Cependant, parfois, des bois quoique parfaitement délimités, par exemple, par de grandes bornes de pierres marquées d'une croix, — ce qui indiquait en général la franchise des droits de coutume, — étaient cependant soumis au droit de pacage (2).

Quelquefois ce droit était concédé avec garantie, c'est-à-dire que le donataire s'engageait à ne pas livrer à l'agriculture les bois où les religieux avaient le droit de faire paître leurs animaux et à ne pas y établir de garenne ni de défens, ou encore, pour ne pas entraver le pacage, à ne pas vendre à d'autres qu'aux moines recevant la concession (3).

et unum mafum arcebuntur, 1200 (Aubep. *Transaction avec Eudes Ajasson*, II. 98, vidimus original de 1248). — ... Si dicta nemora (près de Gargilesse) secarentur, sicut vulgaritur dicitur *atalia* sive comburerentur, ab illa parte quæ putata fuerit vel combusta dicta atalia per tres annos et unum mafum a pascendo arcebuntur (animalia), et si glandes ibidem fuerint et porci eorum eodem tempore inventi fuerint, secundum consuetudinem patriæ approbatam pro eis mihi facere tenebuntur. Sed sciendum quod si animalia eorum in dicto *tolaiz* sive *Ulaiz* invenientur, dum tamen ex industria ibidem non custodirentur, non redimentur. Verumptamen custodes illorum de non facta custodia per juramentum suum se purgare tenebuntur, 1266, (Aubep. *Echange de forêts près Gargilesse*, II. 100, original).

(1) Cart. Aubep. vers 1154, p. 11-12.

(2) Transaction avec Eudes Ajasson, 1200, II. 98, *original* de 1248.

(3) Odo de Magnaco, miles, dominus de Repperio,... voluit et concessit quod dicte terre... in perpetum apse et nemorose remaneant penitus et inculte, nec dictas terras... ejus successores ad agriculturam redigere poterunt... nec garenas vel defensa nec sta-

Le même souci de conserver le pâturage des forêts ou des bois se retrouve dans quelques autres actes, mais rarement. En 1192, donation de la forêt de Bougnat, mais avec défense de défricher certaine portion de la forêt ; en 1201, Geoffroi le Maigre et ses fils accordent à l'abbaye de Bonlieu le plein et entier droit d'usage dans la moitié de leur forêt de Fossa-Lobeira avec interdiction aux frères de Bonlieu, à lui, Geoffroy, et à ses fils de jamais la défricher ; dans une transaction de jeudi avant les Cendres 1272, entre l'abbaye d'Aubepierre et Eudes de Magnac, chevalier, seigneur du Repaire, même défense est stipulée (1).

Outre les droits de dépaissance à exercer spécialement dans les bois, les moines ont reçu de nombreuses donations de vaine pâture : la vaine pâture est le droit de faire paître les troupeaux et d'envoyer les animaux de toute espèce sur les terres incultes. Dans un pays comme la Marche, où grâce à l'humidité du sol, la terre se recouvre en toute saison et en tout lieu, aussi bien dans la bruyère que sur les cultures, au lendemain de la moisson, d'une herbe fine et drue, c'était là un avantage précieux.

A Aubignac, Garnier du Dognon accorda ce droit pour une des granges de l'abbaye (2). L'abbaye d'Aubepierre l'exerçait pour elle-même ou pour ses granges sur celles des terres voisines du monastère qui appartenaient à la famille de Seguin de Linières et sur celles des Ajasson, seigneurs d'Estinières et de Nouzerolles, ainsi que sur celles d'Ebon Sabardy, fils puîné de la maison féodale de Dun, allié à la famille Ajasson, et sur celles de Gérald de Bridier.

gnum vel pratum facere seu quolibet modo explectare in prejudicium prædictorum religiosorum, 1272 (Aubep. *Transaction avec Eudes de Magnac*). — Boso Malfaras... plenum usuarium in nemore de Gorcia... hancque conventionem habeo cum Fratribus ut si meam partem prædicti nemoris vendere voluero, nulli alii vendam nisi illis, si ipsi emere voluerint... 1193, v. st. (Cart. Bonl. f° 135).

(1) Donation de la forêt de Bougnat par Geoffroi de Valle, 1192, H. B. 4, charte partie *originale*. — Donation de la forêt de Fossa-Lobeira, par Geoffroy lo Magres, 1201, H. B. 7, original. — Transaction avec Eudes de Magnac, 1272, Aubep. H.

(2) Donation, 1191, Cart. Aub. p. 2.

Cette abbaye possédait le même droit pour sa grange de Fondonnet, sur les terres d'Eudes de Magnac (1).

L'abbaye de Bonlieu reçut un nombre considérable de ces concessions et en acheta d'autres. Aubert, seigneur de Saint-Julien-le-Châtel, Hugues de la Roche, ses fils et leurs descendants, Roger de Laron, Jean et Bernard (les bailes de Salveta), Etienne et Hélie de Saint-Chabrais, Hugues Galvainz, Adémar, seigneur de Barmont, Aimon de la Roche, l'ancien, et ses fils, Archambaud de Gouzon, Umbaud de Vanteis et Agnès sa femme, Eudes de Déols, seigneur de Chateaumeillant, Guillaume de Arsit, Guinabert de Molanjas, Rainaud et ses frères, fils de Hugues de Fornols, Gérald, prévôt du Puy-Malsignat, donnèrent à l'abbaye de précieuses concessions de pâture, pour son usage et pour celui de ses granges (2).

Ces concessions de droit de parcours s'appliquent à toutes les terres du donateur, terres boisées et terres « en plaine » (3) : sont exceptées les prairies, les moissons, les terres en ce moment en culture (4). Parfois cependant il est permis d'envoyer les animaux

(1) Cart. Aubep. vers 1154, p. 1 et s.; 1205, id. p. 201 ; 1272, Tranlaction avec Eudes de Magnac.

(2) Cart. Bonl. avant 1174, f° 84; 1185, f° 63 ; 1193, f° 196 ; 1195, f° 174 ; 1199, f° 71 ; 1200, f° 194 ; 1201, v. st. f° 104 ; 1202, v. st. f° 202 ; 1201, Donation par Roger de Laron de ses deux mas de Grosmont et d'Ajain, 1201, H. B. , *original* ; Cart. Bonl. 1205, f°s 82, 83, 209 et 217 ; 1206, f° 213 ; Charte de Jean, évêque de Limoges, 1206, H. B. 2, *original* ; Donation de parcours sur les terres d'Eudes de Déols 1206, H. B. 7, *original* ; Cart. Bonl. 1207, v. st. f° 33 ; 1208, f° 74 ; 1218, v. st. f° 75 ; 1221, f° 130. — Il est à remarquer que les *bailes* de Salveta donnent le droit de dépaissance non pas sur leurs terres, mais qu'ils abandonnent le droit qu'eux-mêmes possèdent sur des terres en pacage appartenant à autrui (Cart. Bonl. 1199, f° 71).

(3) *Per totam* (ou *omnem*) *terram meam* est le terme consacré. - ... tam in nemoribus quam in planis... vers 1154, Cart. Aub. p. 11 ; super terris cultis et incultis, planis et nemorosis, 1272, *transaction avec Eudes de Magnac... — per omnem terram nostram, tam planam quam nemorosam*, donations de Hugues de la Roche, 1185, Cart. Bonl. f° 63 ; de Hugues Galvainz 1195, f° 174 ; de Roger de Laron 1201, *Original* ; de Aymon II de la Roche l'ancien, 1205, f° 82 ; de Umbaud de Vanteis, 1206, H. B. 2, *original* ; de Guinabert de Molanjas, 1208, f° 74 ; de Gérald, prévôt du Puy-Malsignat... 1221, f° 130.

(4) Donation d'Ebo Sabardis, 1205. Cart. Aubep. p. 201 ; de Adémar, seigneur de Barmont, 1201, v. st. Cart. Bonl. f° 104 ; de Aimon de la

dans les prés, sauf un certain espace de temps avant la fauchaison (1); en revanche certains pacages sont exclus, ceux que selon la coutume des lieux on a l'habitude de défendre (2), et aussi — je ne sais pour quel motif — certaines parties de forêts (3). Il arrive aussi que, quand la propriété du donateur est considérable, la concession est restreinte à une partie des terres (4). Sauf l'exception relative aux prairies et aux terres en culture, il n'y avait pas de limite fixée à ce droit, quant aux époques où il pouvait être exercé (5).

Si les animaux s'égaraient sur les terrains défendus, y avait-il une sanction ? Oui, le cas était prévu : la seule punition, c'était la réparation du dommage (6). Et, afin d'éviter des querelles qui pouvaient tourner au tragique, comme il était arrivé à Aubepierre en

Roche, l'ancien, 1205, f° 82; de Umbaud de Vanteis, 1206, H. B. 2, *original*; de Guillaume de Arsil, 1207, v. st. f° 33; de Guinabert de Molanjas, 1208, f° 74; de Gérald, prévôt du Puy-Malsignat, 1221, f° 130.

(1) ... *pratis, tempore quo solent deffendi*, donation d'Ebo Sabardis, 1205 Cart. Aub. p. 201... *exceptis pratis secandis*, donation de Aimon de la Roche, l'ancien, 1205, f° 82; .. *pratis tempore quo debent deffendi*, donation d'Umbeud de Vanteis 1206, H. B. 2, *original*;.. *pratis deffensalibus*, donation de Guinabert de Molanjas, 1208, f° 74; de Gérald, prévôt de Puy-Malsignat, 1221, f° 130.

(2) ... exceptis satis et pratis et pascuis quæ secundum consuetudinem locorum rationabiliter deffendi solent..., donation de Gérald, prévôt de Puy-Malsignat, 1221, f° 130.

(3) ... *præter forestas*, donation d'Eudes de Déols, 1206, H. B. 7, *original*. — Pourquoi cette exception ? D'après tous les auteurs, *foresta* est le bois ouvert, par opposition à la garenne et au défens, réservés pour la chasse, ou au bois clos et aménagé pour le produit : en Berry le mot *foresta* aurait-il eu un sens spécial ?

(4) Les limites sont ou les limites d'une *paroisse*, donation d'Isambard Ajasson, vers 1154, Cart. Aubep. p. 11; ou d'un *diocèse* (Limoges), Eudes de Déols 1206, H. B. 7, *original*; ou le cours d'une rivière (la rive gauche de la Tarde) donation d'Adémar de Barmont 1201, v. st. f° 104.

(5) « Omni tempore » est le terme consacré, 1272, *Aubep. Eudes de Magnac*; Cart. Bonl. *passim*. f° 74, 217, etc. etc.

(6) ... nisi ad simplicem damnum et emendationem, 1205, Cart. Bonl. f° 82-83.

1184, tout fait de cette sorte devait d'abord être signalé à l'abbé, au célérier ou au moine chargé de la surveillance (1).

Voici les principales conditions qui régissaient les concessions de pâture. Les donations sont faites pour tous les animaux, de toute espèce (2) ; quand il y a une énumération, cette énumération comprend les bœufs, les vaches, les porcs et les brebis (3). Les bergers des religieux ont le droit de conduire sur le lieu du pâturage, non pas seulement leurs propres animaux, mais ceux dont des étrangers leur ont confié la garde, ou qui sont nourris à leurs frais : — ne serait-ce pas là une sorte de cheptel (4) ? — De plus, il est à remarquer que plusieurs des donateurs s'interdisent d'accorder pareille faveur aux autres ordres religieux (5).

Le pâturage dans les forêts et la conduite des troupeaux à travers les brandes et les terres vagues étaient sans doute le grand moyen de nourrir les animaux ; mais pendant l'hiver, il fallait pourvoir à leur entretien dans l'étable : le foin était donc indispensable. Les religieux avaient bien reçu plusieurs donations de redevances de foin (6), ou le droit de couper l'herbe qui croissait dans certains

(1) Donation de parcours par Eudes de Déols, 1206, H. B. 7, *original.*

(2) *Cunctis* (ou *omnibus*) *animalibus cujuscumque generis*... Cart. Aubig. *anno* 1272 ; Cart. Bonl. avant 1174, f° 82 ; 1185, f° 63 ; 1190, f° 71 ; 1200, f° 194 ; 1195, f° 174, etc. etc.

(3) Donation de parcours par Eudes de Déols, 1206, H. B. 7, *original.*

(4) ... *ad usus omnium animalium tam suorum quam alienorum quæ sub cura et custodia eorum fratrum erunt.* Donation de J. de Monte, 1205, Cart. Bonl. f° 217. — (id. et en plus) *et eorum sumptibus nutriuntur*, charte de Jean, évêque, 1206. H. B 2, *original.* — Id. Donation de Gérald de Botzac, 1207, f° 216.

(5) Donation de Hugues de la Roche et ses frères, 1185, Cart. Bonl. f° 63 ; d'Adémar, seigneur de Barmont 1201, v. st. f° 104 ; d'Aimon de la Roche, l'ancien, 1205, f° 83.

(6) Donation de Hugues de Fornols sur les mas de Sermansannes et del Cros, 1204, Cart. Bonl. f° 78 ; d'autres, 1208, f° 40 et 75. — De Guillaume de la Celle, fin du XII°, Aubep. Cart. p. 189. — La mesure de la prairie était la journée du faucheur : *diurnalia*, 1204, à Modard, Cart. Bonl. f° 176 ; *diurnalia prati*, à *Neyrolle*, 1207, v. st. f° 216 ; *unum jornale prati*, à Saint-Domet, 1208, f° 23.

bois (1) ; mais cela était fort peu de chose. Le foin nécessaire était récolté par les moines eux-mêmes, sur les prairies qui leur appartenaient.

De quels soins ces prairies n'étaient-elles pas entourées ! Si le sol était trop humide, on le drainait ; le drain était connu à Clairvaux (2), et on ne peut douter que les moines aient su l'employer en Marche, dans les bas-fonds et dans les tourbières. Au contraire, l'eau faisait-elle défaut, ils avaient recours à l'irrigation : à Bonlieu, la Tarde était coupée d'écluses, de prises d'eau et de chutes mises au service de moulins, de viviers et de canaux pour l'arrosage des prés (3) ; les cartulaires font mention de nombreux étangs, et il n'est pas douteux qu'en outre des services que rendaient ces étangs pour la production du poisson et pour l'établissement de moulins, on s'en servit comme de réservoirs pour les temps de sécheresse (4).

Ce qui montre bien l'importance attachée à cette pratique, ce sont les efforts faits par les religieux pour se procurer l'eau destinée à l'irrigation. Ils sollicitèrent, toutes les fois qu'ils le jugèrent utile, des concessions d'eau ; ils ne négligèrent jamais de revendiquer les droits qu'ils pouvaient avoir reçus de prendre l'eau sur le terrain d'autrui et de construire des acqueducs pour arroser leurs

(1) *Herbam ad secandum* (in nemore fontis lupi), Cart. Pal. f° 19 et 88.

(2) D'Arbois de Jubainville, *Abbayes Cisterciennes*, p. 57.

(3) Abbé Texier, *Pouillé du diocèse de Limoges*, Limoges, 1850, v° Agriculture, p. 37.

(4) Il y avait des étangs à Puycogul près de Modard. 1180, Cart. Bonl. f° 173 ; à la Chassagne, 1205, à Bonlieu, 1207 etc., etc. On trouve des détails sur le droit de pêche dans l'étang d'Aubeterre, 1190, Cart. Bonl. f° 151. Les mentions de moulins sont assez fréquentes dans nos chartes. En 1236, les religieux d'Aubignac ayant bâti une grange dans la forêt de la Lande reçoivent le droit de « aedificare calceam in rivulo sive lacu currenti ante grangiam predictam... et stagnum habere, 1236 (Aubignac, donation de Geoffroi du Dognon, Cart., L. 1, T. 3). — En 1247, les moines d'Aubepierre transigent avec Hugues de Ladapeyre au sujet de la prise d'eau qu'ils ont faite dans la Creuse pour leur moulin de Vaumoins, récemment construit. (Transaction avec H. de Ladapeyre, 1247, Aubep.). — Dans une transaction, 1274, Hugues de Brosse se réserve le droit de bâtir un étang.

prairies. Parfois même, ils achetèrent de ces concessions, et quand, dans l'intérêt public, ils permirent la construction de moulins sur des cours d'eau leur appartenant, ils réservèrent précieusement l'eau utile pour les besoins de leurs prés, pendant tout le temps nécessaire — de la Toussaint à Pâques, — et ils eurent bien soin de faire insérer dans les actes des clauses interdisant tout ce qui aurait pu nuire à un parfait état de la prairie par défaut d'eau ou par excès d'humidité (1).

La fenaison était, comme la moisson, une époque où tout était en mouvement dans le monastère ; tout le monde, même l'abbé et les moines adonnés aux travaux intellectuels, devaient mettre la main à l'œuvre, soit pour faucher les foins, soit pour lui donner les autres soins requis. Les messes privées pouvaient être dites avant l'heure habituelle ; la messe conventuelle elle-même était avancée, et aussitôt qu'elle était chantée, tous les moines se répandaient dans les prés, pour aider les frères convers dans leur travail.

Le temps de la fenaison était vite passé ; le foin était entassé, en réserve pour les mauvais jours de l'hiver, et les moines rentraient à l'abbaye. Les convers reprenaient leur houlette et menaient de nouveau leurs troupeaux dans les bois et dans les terres soumises à la vaine pâture. Les animaux étaient conduits au pacage, surveillés et ramenés à l'étable suivant un règlement auquel les frères bergers étaient tenus de se soumettre ponctuellement.

Ainsi, les pasteurs de brebis devaient quitter la grange dès le

(1) Donation de Guillaume de Gouzon (avec permission de faire une retenue pour irriguer, *adaquare*, les prés), 1217, H. B 4, *original*. — Donation de Seguin de Limères, *aquas ad omnes usus*, vers 1154. Cart. Aub. p. 11 ; de Helias Ademari, *de transitu aquæ*, fin XIIe, Prébenoit, copie de 1754. — Accord relatif à un héritage situé près la grange de Modard, et à une prise d'eau, *aqueductum*, pour l'arrosage des prés, 1229, v. st. H. B. 4, *original*. — Transaction à Lourdoueix-Saint-Michel, *super ductu cujusdam aquæ*, 1245, Aubep. Cart. p. 135. — Ibidem, *unam exclusam ad aquanda prata*, 1245, Cart. Aubep. 137. — Cart. Bonl. 1184, f° 158. — Accord pour une prise d'eau sur le Béroux, *Veiro*, entre l'abbé de Bonlieu et le chapelain de Saint-Marien, 1275, v. st. Bonl. H. B. 4, *original*. — *Johannes et Amelius donamus aquam ad aquandum pratum suum de Alodio* (à Aubeterre), 1158, Cart. Bonl. f° 158 .. prope *aqueductum pratorum* et molendini... (sur la grange d'Aubeterre), ibid. f° 148.

matin, avec un morceau de pain dans leur besace, et s'en aller tout droit au lieu désigné pour le pâturage. Tant qu'ils y étaient, il ne leur était point permis d'user d'autre nourriture que de ce pain, sauf cependant s'ils trouvaient quelques fruits sauvages, qu'il leur était accordé de prendre. Ils devaient garder le silence en allant au pâturage et en revenant ; le seul cas où il leur était permis de parler, c'était pour indiquer à un berger en peine la direction prise par une bête égarée, ou pour demander le même service, s'ils avaient perdu une de leurs ouailles : au pâturage, ils avaient droit de parler entre eux, mais à voix basse, de façon à ne pas se faire entendre des étrangers. Une fois de retour à la grange, ils allaient rendre compte au maître du travail de la journée (1).

Les frères bouviers, dans la saison où les bœufs de travail allaient au pâturage, étaient chargés de les garder, deux ensemble, pendant la nuit, en suivant un roulement. Le lendemain, les frères qui avaient veillé étaient dispensés d'aller à la charrue ; quant aux autres, à ceux qui n'avaient point eu cette fatigue des nuits brumeuses d'automne passées en plein champ, ils devaient aussitôt après matines, depuis la fête de la Sainte-Croix (14 septembre) jusqu'à la Purification (2 fevrier) se revêtir de leurs capuces, atteler leurs bœufs, et aller dès l'aube au travail, au dur travail du labour et des semailles, préparation de la moisson future (2).

VII

La Culture et la Moisson

L'industrie pastorale était fort en honneur auprès des moines

(1) Martène, T. IV, col. 1650, Regula conversorum, cap. XI, *de pastoribus ovium*.

(2) Martène, IV, col. 1650, Regula conversorum, cap. XI, *de fratribus bubulcis* M. L. Duval exprime la pensée (Chartes communales, *Introduction, p. XLVII*) que l'agriculture dans la Marche n'avait lieu qu'au moyen de bœufs : c'est aussi ma conviction ; mais je dois avouer qu'il existe bien peu de textes précis. Dans le testament de Bonnet Marquis, il est parlé de bœufs de travail, *boves domitos*, 1257, H. A. 4, L. 9, I. 4, *original* ; — concession de passage aux frères de Villechenille « cum carrucis suis et *bobus* », Cart. Bonl, 1181, f° 125.

cisterciens, chez nous en particulier ; elle ne pouvait cependant leur faire négliger l'agriculture proprement dite, la culture des céréales qui donnent le pain.

Les terres que les frères cultivaient n'étaient pas seulement les jachères qu'ils avaient défrichées ; ils cultivaient en outre beaucoup de terres qu'ils avaient reçues déjà en culture (1). On est étonné du nombre considérable de mas et de borderies qui ont été donnés aux abbayes et qui sont entrés, comme nous l'avons dit plus haut, dans la composition des granges (2).

Le *mas* (mansus) était une exploitation agricole comprenant des terres et une habitation pour la famille qui les cultivait (3) ; parfois cependant ce mot semble désigner simplement un ensemble de terres sans habitation (4), ou même seulement comme encore aujourd'hui, une assez grande étendue de terre labourable, d'une seule pièce (5) ; au surplus, ce qui autorise à penser que beaucoup

(1) Les mentions de terres cultivées, *cultæ*, se trouvent assez fréquemment : il est aussi parlé de terres *guaignables* (vieux français) ou productives : *terra gaanita de Bosco Estrader et Mananeschas*, XIIe, Cart. Bonl., f° 25 ; *terra gaanita de Boniac*, fin du XIIe, f° 178. Les terres cultivées étaient bornées, Cart. Bonl. f° 1196, f° 115 : les mesures étaient la sexterée (*sextarata*) à Modard, 1204 v. st. Cart. Bonl. f° 176 ; à Grosmont, 1228, f° 141 ; à Mairemon et au Souliers Cart. Pal. f° 37 ; l'éminée, *eminata* (à la Crosa), 1204, v. st. f° 165 ; la quarterée, *quartelata*, à Saint-Chabrais, 1207, f° 218.

(2) Voir ci-dessus le chapitre III, *in fine*.

(3) Pierre de Malamira donne *mansum d'Auriaraux* (le Rivaud, commune de Sannat, s'est appelé au XVIIIe le Rivaux ; en 1231, B. 11, original, *villa Aureævallis*), *et heredes ejusdem mansi, Stephanus Lalath, J. Lalath cum heredibus suis*... 1231, Cart. Bonl. f° 94. *Stephanus de Sauzet et nepotes ejus dederunt quod habebant in colonis et eredibus mansi de Salzet* (Sauzet, commune de Bénévent), B. N. f. l. 17116 p. 72 ; *in manso de la Guaira cum hominibus*. id. p. 79 ; *mansum et homines del Tel* (Mourioux), ibid. p. 82.

(4) ... in manso de Liders et in manso dou Cireys cum pertinentiis eorumdem, scilicet, *terris, pratis*, [illegible], *reddititibus, decimis* et aliis quibuslibet rebus....., 1203, [illegible] f° 94. — ... *mansum quem tenent homines de Lassagne*. [illegible], id f° 73.

(5) C'est encore le sens actuel, on dit : « un mas de terre ». — *Mas*, étendue de terres labourables (Jaubert, *Glossaire du centre de la France*, Paris, 1864).

des mas du douzième siècle — en dehors de ceux qui faisaient partie d'un village — n'étaient point habités, c'est que ces mas, pour la plupart, ne se retrouvent plus de nos jours.

La borderie, *bordaria*, était probablement moins considérable que le mas, car elle est habituellement nommée après lui (1), bien qu'avant « la terre » ; il en était sans doute chez nous comme dans le Limousin, où d'après M. Deloche, la différence entre le mas et la borderie était que dans le premier, il y avait une contenance suffisante pour employer deux bœufs, tandis que la borderie était une petite tenue de terre cultivée par les seuls bras des tenanciers (2).

Les villages étaient constitués par la réunion de plusieurs mas et borderies (3).

Les terres qui dépendaient des mas ou des borderies étaient en culture ; mais à côté de ces terres cultivées il y avait de vastes étendues complètement incultes, et il en est souvent parlé dans les donations (4) ; le relevé des défrichements opérés par les moines en est d'ailleurs une preuve.

On conçoit combien de faits nous échappent, puisque c'est seulement au moyen de rares indications, qui se sont glissées dans des

(1) Donation de Gérald de Genestines, chevalier, sur des terres du côté de la grange de la Vauvieille, *super manso de Montenos, super borderia Alaspalolas*, et super *terra Auserpinat de Lachanau et de Ladesnera*, et super terra... *Alaschoas*, etc., 1208, H. 101, *original*.

(2) Maximin Deloche, *Cartulaire de l'abbaye de Beaulieu, en Limousin*, Paris, 1859, Introduction, p. CII.

(3) Villechenille, Mauque (Glénic) et Grosmont étaient composés chacun de deux mas, Cart. Bonlieu, f° 120, etc. ; Angly (Peyrat-la-Nonière) de deux mas au moins, le mas Majeur et le mas Jonchet, Cart. f° 4. A Taurie, il y a aussi un mas « majeur » ou « de Sainte-Marie d'Aubusson » et deux autres mas, Cart. B. f° 8 et 10. A Pradettes, il y a deux mas, et à Pradas (les deux, commune de Mainsat) deux mas. 1196 (f° 65) etc., etc. Segundelas où fut fondée l'abbaye de Bénévent en 1028 est composée de trois mas, B. N. l. 17116, p. 71. — Le nom du village est bien *villa* : villa de Laffonges 1184, *Documents*, etc. p. 158). Les Forges, village de la commune de Fresselines. — ... in *villa* de *Lopchac* (Luchat, commune de Tardes, ou Lichiac, près de Bonlieu), 1210, Cart. Bonl. f° 93.

(4) Donation d'Aldebert de la Marche, Cart. Bonl. f° 107, etc.

actes dressés pour un tout autre objet — combien même de ces actes ont disparu ! — que nous pouvons avoir connaissance de l'œuvre accomplie par les Cisterciens. Nous savons cependant avec certitude que cette œuvre a commencé dès les premiers temps de leur installation dans nos collines. Bien avant la fin du douzième siècle, ils avaient mis en culture des terres jusque-là improductives, sur la paroisse de Saint-Priest (1), sur celles de Champagnat (2) et de la Serre-Bussière-Vieille (3) ; dans leurs granges de Villechenille et de Grosmont, c'est-à-dire à Glénic et à Ajain (4) ; sur les terres de leur grange de Modard, situées dans la paroisse de Viersat (5) ; sur les paroisses de Boussac-les-Eglises et de Saint-Marien (6), sur celle de Saint-Chabrais (7). Il en était sans aucun doute de même pour les autres propriétés dont les titres sont perdus.

D'ailleurs, des donations avaient été offertes et acceptées avec la condition formelle que les terres seraient mises en culture. La forêt de Bougnat ou de Fossa-Lobeira avait été concédée aux religieux pour que le bois en fût arraché et le sol labouré (8) ; et Gérald de Bridier, aux premiers temps de l'abbaye d'Aubepierre, avait donné à cette abbaye ses terres de Lignaux, pour qu'elle en usât suivant ses besoins, mais en particulier en lui faisant produire des moissons (9).

(1) Donation d'Elduin de St-Furgol, f°s 44 et 54.

(2) Donation de Bernard de la Roche, f° 95.

(3) Donation de Pierre de Saint-Domet, 1196, f° 18.

(4) Donation de Jean del Rudol, f° 132 ; de Pierre Achaiz, 1201, f° 137 ; et de Roger de Leron, 1201, H. B. *original*.

(5) Donation de Raimond de la Bussière, avant 1177, f° 100.

(6) Donation de Aimeric de Verneiges, fin du XIIe, f° 179 ; de Geoffroy *de Valle*, id.

(7) Nombreuses donations, f°s 194, 195 et 195, et 1201, H. B. 2, *original*.

(8) Donations de Pierre *de Valle*, avant 1151, f° 178 ; de Geoffroy *de Valle*, 1188, f° 180.

(9) Donation de Gérald de Bridier et d'Emena, sa mère, vers 1154, Cart. Aubep. p. 14.

La mise en culture des terres friches par les moines était favorisée par l'exemption des dîmes et par d'autres avantages. L'abandon aux religieux des dîmes qu'ils auraient dû payer pour les terres défrichées se rencontre dans de très nombreuses donations — d'ailleurs, l'ordre de Cîteaux avait à ce sujet des privilèges spéciaux — ; cette faveur est habituellement concédée aux religieux, soit qu'ils cultivent eux-mêmes, soit qu'ils fassent cultiver par des colons séculiers (1). Mais parfois, le principe est appliqué dans sa rigueur, c'est-à-dire qu'il faut, pour jouir de cette remise de dîmes, que les moines cultivent eux-mêmes de leurs mains ou par des mercenaires à leurs gages (2).

La concession des droits de passage sur les terres voisines que l'on accordait volontiers aux abbayes facilitait aussi la mise en culture. Ainsi, pour l'exploitation de leur grange de Neyrolle, les religieux de Bonlieu avaient le passage sur les dépendances du mas de Bouchézy ; pour la grange de Villechenille, ils avaient obtenu le droit de circuler avec leurs charrues, leurs bœufs, et tous autres objets nécessaires sur une étendue de terre considérable ; ils avaient reçu aussi des fils de Gérald Domet droit de passage sur sa terre du côté de Saint-Chabrais (3).

N'est-ce pas encore parmi les mesures ayant pour résultat de développer la prospérité agricole qu'il faut placer les lettres de sauvegarde accordées à plusieurs de nos abbayes : à Aubignac, par le sénéchal du Poitou et de la Marche (4), à Aubepierre, par Eudes,

(1) Donation de Geoffroi de Saint-Domet, 1221, v. st. f° 73.

(2) En 1268 v. st., la Réjade est cultivée par des *homines ibi habitantes*, ce qui permet à Ytier, prévôt de la Souterraine, de réclamer le paiement de la dîme, et il est convenu qu'il en sera ainsi tant que les terres seront cultivées par des hommes séculiers, mais si les terres reviennent dans les mains des moines pour être cultivées, le prévôt cessera de percevoir la dîme. (Aubignac, *Accord*, etc , H. A. 2).

(3) Stephanus de Sancto Caprasio... dono etiam viam per terram et per prata mansi de Volchaisi (Bouchézy, c^ne de St-Chabrais), quamdiu incultæ fuerint ; 1202 (f° 202). — Donation de Petrus *de Valle*, 1184, f° 125 ; de Gérald Daonet, 1220, v. st. f° 202.

(4) P. B[er]tini senescallus Pictav. et Marchie dilecto suo senescallo

seigneur de Cluis; ainsi que les donations, si nombreuses, faites par les seigneurs féodaux, des permissions d'acquérir dans toute l'étendue de leur suzeraineté, sans payer les droits d'usage?

Les principales cultures, à cette époque comme aujourd'hui, étaient celles du seigle, de l'avoine et du froment?

Le seigle était cultivé partout: c'était « le blé », le grain par excellence, *annona* (1); on le trouve sur tous les points du département: il est impossible de citer les localités, et les donations de dîmes de seigle font l'objet d'une multitude d'actes.

Il en était à peu près de même de l'avoine. On la voit cultivée, dès le temps des moines de Dalon, c'est-à-dire aussi loin que remontent les titres, sur les granges du Palais, à Langladure et à Mairemon, puis aux Chatrelles, près de Sardent (2). Elle était récoltée en abondance aux environs d'Aubignac, entre la Souterraine et Naillat, à Lafat, à Azerables (3), à Luyat, près de Bétête (4); à la Bussière et à la Gérardière, près de la Celle-Dunoise, aux environs d'Aubepierre, à Bessoles, à Lourdoueix-St-Michel (5); à Angly, à la Vilatte-Roger, à Sermansannes, à Montmaurel dans la région de Bonlieu; à Modard, et près de Chénérailles, à Neyrolle et à la Chassagne; enfin à Bougnat, près de Boussac (6). Cette liste de localités est loin d'être complète, elle est donnée à titre de simple indication.

de Briderio... M[andamus] tibi quatenus predictam abbatiam et res ipsius tanquam propriam regis domum sustenue [ ] teneas atque deffendas; vers 1190 (Aubignac, A. 2 original, L. 6, t. 34).

(1) *Annona.* III eminas siliginis.., quam *annonam* debebant... 1192, f° 50, etc.

(2) XIIe, Cart. Pal. f° 86; id. f° 36; id. 1200, f° 60.

(3) Cart. Aub. L. 5, t. 3; fin du XIIe, II. A. 2 *original*; 1268, v. st. II. A. 2 *original.*

(4) Copie de 1754.

(5) Fin XIIe, Cart. Aubep. p. 180; id. 1217, p. 200; 1229, p. 142; 1247, II. 98, *original*; 1256, Cart. 190; 1268, II. 101 *original.*

(6) Cart. Bonl. f° 2, 5, 8, 24, (1193) 61, (1188) 172, (1190) 61, (1190) 77 et 107, (1204-1208) 77 et 78.

On se figure assez volontiers que la culture du froment dans le sol maigre de la Marche est une conquête de l'agriculture contemporaine : il n'en est rien. Le froment était cultivé, à la fin du douzième siècle — et sans doute bien auparavant —, dans les environs d'Aubignac, à Lauberte, à la Rémondière, à la Chapelle-Saint-Gilles, à Eguzon, près de Bridier et de Vareilles et à Saint-Sébastien, à la Guerche, près Lafat (1), à Laurière (Haute-Vienne), non loin de Bénévent, à Chamborand (1).

Dans le centre du département, on trouvait le froment à Fontgaudon, près de Fresselines, à Bacon, à Boëry et à la Gilardière, près de la Celle (2). Du côté du Berry et du Bourbonnais, il était cultivé à Luyat, près de Bétète ; à Bougnat, près de Saint-Marien (3) ; et il l'était en Combraille à Meanas, à Tauric, à Lachaudmeurtdefroid, près de Serre-Bussière-Vieille (4). Dans une de ces localités, à Tauric, il est dit que le froment était cultivé dans une ouche, ce qui indique que la culture en était restreinte.

Cette culture du froment par petites quantités, comme d'une plante précieuse, avait aussi lieu aux environs de Bourganeuf. C'est dans les jardins qu'on le cultivait à Morol sur la grange de Quinzac, à Maisonol, à Galenor, (Jalinoux, commune de Saint-Dizier), et bien que les textes ne soient pas explicites, c'est sans doute de la même façon qu'il était cultivé à Quinsac, au Mazel, à Granvau, commune de Soubrebost, à Saint-Sulpice (5). Il est à remarquer

(1) 1170, H. A. 3 copie, Cart. L. 7, t. 2 ; vers 1194, H. A. 1, *original* ; 1235, Cart. ; 1247, H. A. 2, *original* ; 1250, H. A. 2, *original* ; 1257, H. A. 4, *original* ; 1260, L. 6, t. 4. Ext. Cart. Bénévent, B. N. f. l. 17116, p. 103, *al mont juxtà Guircham* ; — id. ibid. p. 110, in terra de la Prugna juxta castellum de Auraria ; — id. ibid. p. 114-115, oblationes de frumento.

(2) *Documents*, etc., 1210, p. 158 ; fin du XIIe Cart. Aubep. p. 129 ; 1256, ibid. p. 190-191.

(3) Donation des Ademari, Prébenoît, copie de 1754. Donation de Aubert de Malval, 1223, Prébenoît, *original*. Assense du bois de Boniac, 1268, H. B. 14 copie.

(4) Cart. Bonl. 1218, v. st. f° 75 ; 1231, v. st. f° 94 ; 1277, v. st. H. B. 1, copie.

(5) Cart. Pal, f° 25 ; 1207, f° 60 ; vers 1207, f° 33 ; f° 69 ; f° 13 ; 1211, f° 28 ; f° 20.

que parmi les mentions relatives au froment très peu seulement se rapportent au douzième siècle, presque toutes sont du siècle suivant ; ne pourrait-on pas en conjecturer que cette culture s'était développée sous l'influence des moines cisterciens ?

Les autres céréales dont on trouve les noms sont seulement au nombre de deux : la marcesche ou orge de mars, et le millet. La marcesche était cultivée à Angly, à la Vilatte-Roger, près de Peyrat et de Saint-Priest, et à Chantagrel (Chantagrioux), près de Champagnat (1). Le millet était cultivé près d'Aubignac en 1170 ; et à Aubeterre, près de Montluçon (2). Dans cette dernière localité, on voit aussi signalée la culture des fèves, des pois, des lentilles et de la gesse (3).

Une plante très répandue aujourd'hui dans la Creuse, la rave d'Auvergne, se trouve mentionnée plusieurs fois. En 1204, Hugues de Fornols donne à l'abbaye de Bonlieu une redevance d'une somme de raves sur Sermansannes. Il est question aussi, à plusieurs reprises, de la redevance d'une somme ou étrousse de raves possédée par Hugues Cathena et Pierre Chapus, bourgeois de Chénérailles, à Pradettes, près Mainsat (4).

Une culture, enfin, qui semble avoir eu une certaine importance jusqu'à la fin du moyen âge est celle de la vigne. Toutes nos abbayes, moins celle du Palais, avaient dans les pays vignobles avoisinant la Marche, des terroirs suffisants pour la récolte du vin nécessaire à leur consommation, et même au-delà, puisque, malgré les réglements, elles faisaient le commerce du vin au détail (5).

(1) Cart. Bonl. f°s 3, 7 et 1195, f° 101.

(2) Aubignac, H. A. 3, 1170, copie ; Cart. Bonl: f° 145.

(3) Cart. Bonl. f° 145.

(4) Cart. Bonl. 1204, f° 78 ; 1216, f° 72 ; 1258, H. B. 15, *original.*

(5) De abbate de Albis petris in cujus domo vinum, sicut dicitur, ad *brocam* vendebatur, committitur abbatibus de Domo Dei et de Prateâ, 1207, (Bibl. de l'Arsenal, ms. l. 926, Chap. génér. de Citeaux p. 231). — *W. de Santgira (de Sancto-Juliano) dominus de Montelucio...* (abandonne aux religieux de Bonlieu).. *obolos* de venditione vini Albæ terræ, Cart. Bonl. f° 105.

L'abbaye d'Aubignac avait ses vignes de Fontfurat et de Bellefont, près Argenton, de Chiret et autres lieux, près Châteauroux; celle au-dessus de la maison de la Colombe. à Argenton (1). L'abbaye d'Aubepierre avait ses vignes de la Marzelle (village près Châteauroux), du cimetière de Saint-Martial à Châteauroux, de Châteauroux, de Villers, de Vineuil, d'Argenton et de Pommiers (2). L'abbaye de Prébenoit avait des vignes proche Saint-Sévère et à Urciers (3). L'abbaye de Bonlieu possédait ses magnifiques vignobles d'Aubeterre et de Guivrettes qui recouvraient et recouvrent encore les coteaux du Cher au nord-ouest de Montluçon (4).

Mais ce n'est point seulement de ces vignes situées en dehors de notre pays que nous voulons parler. Au douzième siècle et plus anciennement, la vigne était certainement cultivée dans la Marche : en voici quelques preuves.

Au nord de la province, on trouvait une vigne dans la paroisse de Méasnes, sur le coteau exposé au levant, qui domine le ruisseau du Bouchet, en amont de l'abbaye d'Aubepierre; non loin de là, un ou

(1) H. A. 3, 1218, *original*; id. ibid.; 1219, H. A. 2, *original*; 1234, H. A. 1, *original*.

(2) 1209, H. 107, original et H. 100, *original*; 1310 et 1211, R. 107, *original*; 1224, H. 100, *original*; 1272, H. 97, *original*; 1274, H. 100, *original*.

(3) D'après l'inventaire fait en 1700.

(4) Donations à Aubeterre, etc. dans la commune de Domeirat et à Huriel (Cartulaire, f° 42 à 166). On trouve (f° 145) le passage suivant : *Archambaudus de Cambonio, diaconus et abbas sancti Petri Doratensis.. dono etiam fratribus ut vindemi nt quandoque voluerunt*; et plus loin : *Amelius de Chambonio* (neveu du précédent)... *dono... ut ad vindemiandum bannos non expectent, scilicet quando voluerint vindemient.* M. P. de Cessac (Congrès Arch. 1866, p. 113) croit que ce texte s'applique aux vignes de la Marche et il en tire des conclusions relatives au changement de la température; il est évident, d'après le contexte et la place où ce passage se trouve dans le cartulaire, qu'il s'agit des vignes de la paroisse de Domairac (parochia de Domairac) où la vigne est encore cultivée en abondance. Ce qui a pu induire M. de Cessac en erreur, c'est qu'il a sans doute consulté seulement la traduction de Joullieton (Histoire de la Marche, I, p. 380) qui a écrit Domeirot (Jarnages) au lieu de Domairat (Allier).

plusieurs autres terrains plantés en vigne se voyaient tout près de l'enclos de l'abbaye (1).

Dans le centre du département, où d'autres documents signalent l'existence de vignes à Ahun et à Chénérailles (2), les cartulaires nous donnent les noms de nombreuses localités où il était perçu soit des redevances de vin, comme à Villechenille, près de Glénic, au Cairazec, près de Saint-Chabrais, à Villemermi, à la Chassagne et à Donlevade près Issoudun; à la Vilette et à Tauric près la Serre-Bussière-Vieille; à la Vilatte sur le mas de Mazerolles, près de Saint-Priest; à la Chaudure, à la Jonchère, au Sestel et à Gouzat près de Champagnat; à Angly, à Lichiac, à Pontet, à la Voreille près de Peyrat-la-Nonière; à Boscdurant (3): soit des droits de vendange, payables en septembre, à la Vilette, à Tauric (la Serre-Bussière-Vieille), à la Vilatte-Roger, près Saint-Priest, au Sestels et à la Jonchère près Champagnat, aux Riboulles près de Peyrat-la-Nonière, à la Barre près Saint-Loup (4) : l'abbaye de Bonlieu possédait même une mesure spéciale pour le vin qui lui était ainsi dû annuellement (5). Sans doute, ces droits de vendange et ces redevances en nature ne sont point une preuve irréfutable de la culture de la vigne à l'époque précise où ils sont relatés dans les cartulaires : mais outre que parfois il est expressément dit qu'ils sont dus par une vigne dont le nom est indiqué (5), leur

(1) ... in fossatis *vinearum* abbatiæ, 1323, Transaction avec les seigneurs du Bouchet, Cart. Aubep. p. 31... — terram parvæ vineæ vocatam publice *parvam vineam*, 1385, Arrentement du village de la Grange, H. 103, vidimus original de 1436. — Peut-être aussi y en avait-il près d'Aubignac, *in illâ terrâ quæ vocatur albiniacum... vineas.* Abandon de droit par Guillaume Pot, mais seulement si les chanoines de Bénévent plantent les vignes, B. N. l. 17116, p. 119.

(2) Charte de fondation du Moutier-d'Ahun, 997, *Gallia Christiana*, II, col. 190. — Charte communale de Chénérailles, 1265, v. st., art. 18, *Duval*, Chartes communales etc., p. 6.

(3) Cart. Bonl. f° 120 ; 1217, id. f° 185 ; f° 108 ; 1207, f° 117 ; 1182, f° 12 ; 1195, f° 65 ; 1198, f° 68 ; 1202, f° 52 ; 1227, f° 51 ; f° 4 ; f° 5 ; avant 1151, f° 97 ; f° 96 ; 1258, H. B. 15, *original ;* 1253, H. B. 15, original, f° 7 et 27 ; f° 2 ; 1217, f° 74, 75 ; 1249, H. B. 24, *original ;* f° 57.

(4) F° 24, f° 46, f° 99, f° 102.

(5) 1242, Cart. f° 92

mention — et les textes ne permettent pas de confondre ces droits avec le droit de *vinade* inscrit dans la Coutume — est du moins une indication que si la vigne n'était pas cultivée à ce moment même dans les lieux désignés, elle l'y avait été peu de temps auparavant.

C'est sous le bénéfice des mêmes observations, et avec plus de réserve, que nous citerons les localités suivantes appartenant au bassin du Taurion. Aucune vigne n'est nommée, mais sur les tènements dont voici les noms, il était dû une redevance appelée « *vinum et messio* » : sur le mas de Moryol, près de Quinsat, et sur un autre près du Mont, sur la terre de Granyalet près de Soubrebost (il est dit en propres termes que le vin est payable en nature, et la redevance est d'un muid), c'est-à-dire aux environs de Pontarion, de Thauron et de l'abbaye du Palais ; à Rapissat et à Bonnefont, enfin à Langladure, près Montboucher (1).

Au moyen âge on ajoutait souvent au vin du miel, c'était même le seul artifice qui permit de boire des vins que le gosier humain n'aurait pu supporter autrement, comme étaient sans doute ceux récoltés dans l'atmosphère froide et humide de la Marche : les mentions relatives aux abeilles et au miel sont assez rares (2).

Le lin est la seule plante industrielle dont il soit parlé. Nous voyons qu'il y avait des linières près de Saint-Chabrais, et dans la vallée de la Creuse, entre le moulin de Vaumoins et Glénic (3).

Sans aucun doute, on aura remarqué que le nom du châtaignier ne se trouve pas dans cette liste des plantes cultivées et des végé-

(1) Cart. Pal. f° 1 ; f° 5 ; f°s 12, 43 et 53 ; avant 1150, f° 36, f°s 47, 85. Dans le cartulaire de Bénévent, il est parlé d'un droit de « *messira et vinum* » sur *Azaget* (c^ne de Mourioux ?) et *Monbero* (Montbaron, près Mourioux) ; B. N. f. l. 17116, p. 65 ; et à *Restol*, id. p. 86-87 ; — *in terra de Bogoëth*, vers Dun ? ibid. p. 102.

(2) Cart Bonl. f° 46 ; avant 1150, Cart. Pal. f° 88 ; Cart. Pal. f°s 19 et 43 ; Fondonnel, 1206-1272, Aubep.

(3) Donation de Hugues de Saint-Chabrais, 1202, v. st. Cart. Bonl. f° 202. — Le nom de Linairoles (Neyrolle) n'aurait-il pas dans son étymologie même la preuve de la culture du lin ? — Transaction avec Hugues de Ladapeyre, 1247, Aubep.

taux utiles : l'usage de la châtaigne, cette manne des monts limousins et marchois, paraît s'être généralisé postérieurement au douzième siècle ; afin d'éviter une répétition inutile, je renvoie à ce que j'ai dit sur ce sujet dans un autre ouvrage (1).

En résumé, depuis le moyen âge, la culture a fait dans la Creuse deux conquêtes d'importance, la pomme de terre et le blé noir. La pomme de terre a été introduite dans la seconde moitié du siècle dernier : quant au blé noir, des deux espèces cultivées dans la Creuse, la plus commune et la meilleure, celle qui fleurit blanc, le *blé noir*, est venue d'Orient et s'est répandue vers le centre de l'Europe au seizième siècle ; l'autre espèce, plus médiocre, mais plus rustique, qui fleurit vert, le blé noir de Tartarie ou *sarrasine*, date seulement du siècle dernier (2).

Peut-être au surplus la rareté des mentions relatives à plusieurs des produits agricoles que nous avons cités tient-elle, non pas à la rareté même de ces produits, mais à ce qu'ils ne faisaient qu'exceptionnellement l'objet de redevances et de transactions.

Quoi qu'il en soit, il est certain — d'après les cartulaires — que chez nous comme ailleurs, les Cisterciens s'adonnèrent à la culture des céréales dès leur arrivée dans le pays, et qu'ils la perfectionnèrent pendant les deux siècles qui suivirent, se conformant en cela à l'esprit de leur ordre qui considérait le travail de la moisson comme un des plus méritoires auquel ils pussent se livrer (3), et obéissant

(1) *Mémoires de la Société des sciences... de la Creuse*, VII, 1891-1892, p. 94-97 ; ou *Essai d'une géographie botanique du département*, Guéret, 1891, p. 60-65.

(2) La première espèce est le *Polygonum Fagopyrum, L.* vulg. *Blé noir, Sarrasin ;* la seconde espèce est le *Polygonum Tartaricum, L.* vulg. *Sarrasine, Sarrasin de Tartarie* ou *de Sibérie, sarrasin précoce.* Dans certains cantons de la Creuse c'est la seconde espèce qu'on appelle *sarrasin.*

(3) *Sancti Bernardi genus illustre*, Chifflet, p. 162-163, cité par d'Arbois de Jubainville, p. 55. Les vieux règlements contiennent des prescriptions qui montrent bien toute l'importance attachée à cette besogne : quand il s'agit de la moisson, la règle, d'ordinaire si inflexible cède sur les points les plus essentiels : ainsi, les moines sont dispensés d'assister à la messe de communauté, ils peuvent prendre leur repas hors de la clôture, et même passer les nuits et séjourner loin de l'abbaye dans les granges. (Nom. Cist, *Usus*, cap. LXXXIV, de tempore secationis et messionis, p. 180-190).

au texte même de leur règle, où tout ce qui concerne le labourage, la préparation de la terre, les semailles, la moisson et son transport est l'objet de prescriptions inspirées par une longue expérience (1).

On comprend facilement que grâce à une organisation très habile du travail, aidée par les facilités de tout genre que possédaient seuls à cette époque les ordres religieux, les abbayes cisterciennes, où affluaient les produits des granges, devaient entasser des récoltes assez considérables. La vie des premiers moines étant d'une grande simplicité et faite de privations, le revenu des terres ne tardait pas, quelques années après la fondation d'une abbaye, à dépasser les besoins de ses habitants : que devenait ce qui n'était pas consommé au monastère et dans les granges ?

VIII

Les résultats : bienfaisance et richesse

L'excédent des produits s'écoulait par deux débouchés principaux, les secours aux malheureux et le commerce.

La charité, dans l'ordre cistercien, s'exerçait de plusieurs manières : hospitalité offerte aux étrangers, aumônes distribuées aux pauvres et assistance en cas de maladie.

Dans chaque abbaye, il y avait un local disposé tout exprès pour servir d'hôtellerie ; à Bonlieu, cette maison des hôtes était située sur la rive de l'étang, qu'elle dominait (2). Ce n'étaient pas seulement les voyageurs qui étaient admis, mais les malades du voisinage et les infirmes y étaient soignés gratuitement. Un moine « l'hôtelier » était chargé du soin des uns et des autres, et il était assisté d'un convers (3). En principe, chaque grange était munie d'une

(1) Martène, IV, *Regula conversorum*, col. 1650, etc.

(2) *Hospitio. Boni loci,* avant 1195, f° 14 ; *ante hospitium supra ripam stagni*, 1207, f° 79 *bis*.

(3) Nom. Cist. *Usus ord. Cist.*, de hospitali monaco, p. 211.

semblable institution (1). Chez nous, il est certain que la grange d'Aubeterre, et celles de la Chassagne et de Neyrolle quoique modestes, avaient chacune leur hôtellerie et un frère convers dont l'emploi spécial était d'exercer l'hospitalité (2) ; tout fait supposer qu'il en était de même ailleurs. On conçoit quels services rendaient ces hôtelleries et ces infirmeries disséminées dans les campagnes (3).

Des aumônes continuelles étaient faites à la porte des monastères : le moine portier devait toujours avoir dans sa cellule des pains tout préparés pour les distribuer aux passants (4). En outre, les pauvres avaient droit aux restes des repas (5), aux distributions fondées à leur profit par les bienfaiteurs de l'abbaye, et enfin à trois parts du repas des moines, ces trois parts représentant celles des trois religieux derniers décédés (6). Aux époques de famine, à ces aumônes obligatoires et régulières, dues en tout temps, venaient s'ajouter suivant les besoins des aumônes plus abondantes ; il ne faut pas oublier qu'à cette époque les famines étaient fréquentes et terribles : pour ne parler que de notre pays, l'histoire,

(1) Martène, IV, *Regula conversorum*, IX, *de hospitario grangiæ*, col. 1650.

(2) Joannes, ostalarius, (Cassaneæ) 1197 (f° 111). Frater Stephanus, hostalarius de Linairolis, 1200 (f° 212). Petrus, hostalarius (Albe terre) 1200 (f° 10) et 1217 (f° 153).

(3) L'assistance dans les campagnes existait à cette époque dans une certaine mesure : ainsi à Domairac (Allier) il y avait une infirmerie (*infirmatorium*) XIIe s. (Cart. Bonl. f° 105), de même à Saint-Julien-des-Landes (*infirmaria sancti Juliani*, 1199 (f° 190). — Il y avait aussi des aumônes annuelles : en février 1245, v. st. Halard de Saint-Julien lègue une rente d'une émine de seigle « ad opus Karitatis que fit pauperibus in villa sancti Juliani in crastinum Omnium Sanctorum. » H. B. 2 *original*. — Saint-Julien est le chef-lieu d'une petite commune qui, aujourd'hui même, ne compte pas plus de 550 habitants

(4) Nom. Cist., *Usus*, de portario, p. 242.

(5) Nom. Cist., *Usus*, de cellerario, p. 239.

(6) Nom. Cist., *Usus*, de refectione, p. 170 ; id. de portario, p. 242.

dans l'espace d'un siècle, de 1156 à 1278, a conservé la mémoire de huit de ces famines qui décimaient une région (1).

Malgré tout, il est bien certain que les besoins du monastère et les aumônes ne suffisaient pas à consommer les produits des terres. De là, et aussi parce qu'il fallait acquérir des objets utiles ou même indispensables qu'il était impossible de se procurer sur place, l'écoulement forcé de cet excédent au moyen des opérations quasi-commerciales auxquelles, par nécessité seulement, il était permis à l'ordre de Citeaux de se livrer.

Le commerce proprement dit était sévèrement défendu : par commerce on n'entendait pas la vente et l'échange des produits en gros, comme le fait un producteur, mais bien la vente *en détail*, ce qui est l'œuvre du commerçant, œuvre de lucre. Les règlements ne transigèrent jamais sur ce point. En 1207, sur le simple bruit que l'abbé d'Aubepierre tolérait que dans son abbaye ou aux abords on vendit du vin par petites quantités, les abbés de la Maison-Dieu et de la Prée, en Berry, furent chargés par le chapitre général de faire une enquête sur ce coupable abus (2).

Il était aussi interdit d'acheter pour revendre, et par l'entière application du principe, les religieux cisterciens n'avaient pas même le droit d'augmenter par un travail industriel la valeur de leurs produits agricoles, pour *en tirer profit*.

Mais la vente en gros des récoltes et des animaux était parfaitement licite, et les opérations quasi-commerciales des abbayes cisterciennes étaient favorisées par de nombreux privilèges.

Les seigneurs féodaux s'étaient arrogé une foule de droits sur le transport et la vente de toute espèce de marchandises; quelques

(1) 1156, 1162, 1176, 1195, 1202, 1235, 1257, 1278, *Chroniques de Saint-Martial de Limoges*, Paris, 1874, et *Historiens des Gaules* T, XVIII, XIX, XX et XXI.

(2) Bibl. de l'Arsenal, ms. l. 926, p. 231. — Il semble que les moines de Bonlieu se sont laissés aller à commettre la même faute : W. de Santgira, dominus de Montelucio... (abandonne)... obolos de venditone vini de Albaterra... (ce qui ne peut guère se comprendre que d'une vente au détail, Cart. Bonl. f° 105).

fussent les objets, quelques fussent les moyens de transport, rien n'échappait au péage, au rouage, à la lesde, etc.. Mais, il arriva que, par égard pour les services rendus par l'ordre de Citeaux, ces barrières s'abaissèrent devant lui. Dans la Marche, bien avant que l'exemption des droits fût devenue une règle (1), les abbayes cisterciennes en jouissaient en fait, et cette situation privilégiée datait presque du jour de leur fondation.

L'abbaye d'Aubignac avait reçu, aux premières années de sa naissance, de Gérald, vicomte de Brosse, puis de son fils Bernard et ensuite du successeur de celui-ci, le droit de passer librement, de vendre et d'acheter en franchise sur toute la terre de leur vicomté; l'abbaye possédait les mêmes droits dans l'étendue de la seigneurie du Dognon. Les comtes de la Marche lui avaient octroyé de semblables concessions, et vers 1209, Hugues, comte d'Angoulême, confirmant les dons faits au monastère par ses prédécesseurs, comtes de la Marche, et par tous autres seigneurs, prit les moines sous sa protection et leur accorda expressément l'exemption des droits de passage, de vente et d'achat (2).

Dans le cartulaire d'Aubepierre, on ne trouve aucune mention de pareilles faveurs, et celui de Prébenoît en contient une seule de ce genre, faite par Eudes de Déols (3); mais on doit tenir compte que

(1) C'est une bulle d'Alexandre IV, du 7 octobre 1256, qui a érigé en règle au profit de l'ordre de Citeaux l'usage d'exempter ces religieu . des droits.

(2) Concession de Bernard II, vicomte de Brosse, rappelant celle de son père Gérald (lequel vivait en 1136), 1165, Cart. Aub. p. 1; de G. vicomte de Brosse, 1203, id L. 6, t. 45; de Garnier du Dognon (le même qui est cité dans le Cartulaire de Philippe-Auguste, 1209, f° 740 de l'original du Vatican et B. N. nouvelles acquisitions, 1552, ex. en photographi)e, 1194, id. p. 2. — Donation de Hugues, comte d'Angoulême, *Archives nat.* original sur parchemin jadis scellé P 1369¹, cote 1750 (Tardif, Titres de la Maison de Bourbon, I, n° 55); M. A. Thomas qui a publié ce titre dans les *Documents historiques* estime qu'il ne peut émaner que de Hugues XI qui porta le titre de comte d'Angoulême de 1246 à 1249: cependant, l'un des témoins est W. *Abbas de Prato Benedicto*; or, W. était abbé de Prébenoît en 1204 (Willelmus, abbas Prati Benedicti, 1204, Cart. du Palais, f° 12).

(3) *Gallia Christiana*, II, col. 633, anno 1191. — Charte *originale* de 1208.

beaucoup de titres ont disparu. En revanche, Bonlieu en reçut de fort avantageuses : cette abbaye avait la franchise sur toute la vicomté d'Aubusson, dont la surface était considérable ; sur la seigneurie d'Adémar, vicomte de Limoges ; sur la baronnie de Gouzon, qui dépendait du Bourbonnais ; sur la seigneurie de la Roche-Aimon ; et même sur la seigneurie d'Itier de Magnac et sur la vicomté de Brosse, éloignées l'une et l'autre de Bonlieu, mais qui donnaient accès dans la province de Poitou, et dont la situation permettait de s'approvisionner de sel sans acquitter les taxes : sur tous ces territoires, les religieux pouvaient sans payer aucun droit de péage ni de lesde, vendre ou acheter tout objet et tous animaux, et ils pouvaient les faire traverser en franchise par toutes marchandises leur appartenant (1). L'abbaye du Palais avait reçu, en ce qui la concernait, des privilèges semblables des seigneurs de Pierrebuffière (2).

L'exemption des droits de péage faisait disparaître l'une des principales difficultés qui s'opposaient au développement des transactions, il en restait malheureusement une autre fort grave : sans aucun doute, les voies de communication laissaient fort à désirer. Il ne faudrait pas croire néanmoins que le pays en fût totalement dépourvu : nous n'avons, il est vrai, aucun document pour nous renseigner sur l'entretien des chemins, mais il est certain qu'ils

(1) Donation de Gui d'Aubusson, 1184, f° 87 ; d'Archambaud de Comborn et de Jourdaine sa femme, 1184, f° 8 ; de Guillaume de Gouzon 1188, f° 43 et 1198, f° 198 ; de Umbaud de la Roche, 1190, f° 88 ; de Gérald de Nozil, 1194, v. st. f° 88 ; d'Archambauld de Gouzon, 1205, f° 200 (Agnès de Gouzon et Guillaume son fils, rendent hommage à Archambauld de Bourbon pour la terre de Gouzon, *Titres de Bourbon*, original parchemin. P. 1360*l*, cote 1600) ; d'Adémar, vicomte de Limoges, 1195, B. N. f. l. 10058, f° 288 v° et 290 r° ; d'Itier de Magnac « transeuntibus cum *sale* vel aliis necessariis » 1198, ibid ; de Bernard III (ou IV) vicomte de Brosse : Bernardus, vicecomes Brucie... concedo fratibus Boni loci pedagia et omnes consuetudines de *ferro*, de *sale* et *calderiis* (chaudières ou chaudrons) et *animalibus* et aliis rebus quas emerint in terra mea vel apportaverint per terram meam ad utilitatem proprie domus, feci hoc in nemore ante portam domus meæ in manu Heliæ, Prati benedicti abbatis, anno ab Incarnatione MC. XXCII, 1182, id , f° 288.

(2) Donation de Pierre de Pierrebuffière à l'abbé Guillaume, Cart. Pal. f° 82.

étaient soumis à une surveillance assez vigilante puisque, pour en changer l'itinéraire, il ne fallait pas moins que l'autorisation du sénéchal de la province (1). En tout cas, on avait fait le plus important en assurant la traversée des petites rivières, si nombreuses en Marche : au douzième siècle, on trouvait des ponts non seulement dans des localités où il en existe encore de nos jours, par exemple, à Bonlieu, sur la Tarde ; mais même dans des sites comme le Pont-Alibaud, sur la Creuse, où le vieux pont de bois est remplacé depuis deux ans seulement par un pont en pierres ; comme à Thauron, sur le Taurion, où pendant des siècles il n'y a pas eu de pont ; comme à Puylandon, entre Chambon et Nouzerolles, où il faut aujourd'hui traverser à gué la Petite-Creuse (2).

Afin de faciliter les échanges avec les contrées voisines, chaque abbaye de la Marche possédait une ou plusieurs maisons dans quelque ville des provinces limitrophes. Pour Bonlieu, le centre de ses opérations était sans doute, grâce à la proximité de sa grange d'Aubeterre, la ville de Montluçon en Bourbonnais. L'abbaye d'Aubignac posséda une ou plusieurs maisons à Argenton et une autre à Châteauroux ; de même, celle d'Aubepierre en avait une à Argenton et une seconde à Châteauroux ; l'abbaye de Prébenoit avait reçu du seigneur de Châteaumeillant le droit d'être propriétaire d'une maison dans cette ville (3).

Quelle était l'importance des opérations quasi-commerciales faites par nos abbayes ? Aucun document ne fournit une réponse précise ; on peut cependant connaître approximativement l'importance relative de ces opérations, puisque toutes les acquisitions que les religieux ont pu faire l'ont été forcément avec les bénéfices de

(1) Mandement de P. B[er]tini, sénéchal du Poitou et de la Marche au sénéchal de Bridier, fin du XIIe, H. A. 2, *original*.

(2) 1190, Cart. Bonl. f° 89 ; fin du XIIe, Cart. Bonl. f° 123 ; Cart. Pal. f° 2 ; 1184, *Documents historiques*, p. 138, Haute-Vienne, D. 804.

(3) Cart. Bonl. f° 105 ; Donation de Guillaume de Chauvigny, 1224, Cart. Aub. L. 6, t. 7 ; du même 1216, Aubepierre H. 100, d'après un vidimus de 1427 ; de Raoul de Déols, 1256, Aubep. H. 107, *original* ; d'Eudes de Déols, seigneur de Châteaumeillant, *Gallia Christiana*, col. 633, *anno* 1204.

l'exploitation. Or, on sait que si, dans les premiers temps, les abbayes ont peu agrandi leur patrimoine, elles ont multiplié les achats — Bonlieu surtout — durant le treizième siècle.

Ainsi, de pauvres qu'étaient les abbayes, au début, chez nous comme ailleurs, elles devinrent promptement riches : mais, la source des donations s'étant à peu près tarie au bout d'une cinquantaine d'années, il faut en tirer la conclusion que c'est à la fois le développement donné à la culture, le travail et la bonne administration qui ont introduit la richesse dans les murs du couvent. Les conséquences de ce nouvel état de choses ne se font pas attendre : dès la fin du treizième siècle, le système de culture a changé, ce ne sont plus des religieux qui cultivent péniblement le sol, dans la pensée supérieure d'obéir, sans espoir de salaire, à la loi du travail, ce sont des « mercenaires », des « hommes séculiers » qui sont chargés de faire produire les terres monastiques.

Bientôt la simple surveillance à exercer sur les ouvriers agricoles parut elle-même trop pénible, l'aléa des récoltes et des prix de vente fut regardé comme une source de soucis; et les granges furent, à peu près toutes, données à bail emphythéotique, ou, en fait, aliénées pour une rente fixe. Le taux et la nature des redevances nous montrent combien, pendant le temps qu'ils les avaient travaillées à la sueur de leur front, les convers de Cîteaux avait su améliorer ces terres et quels progrès avaient été accomplis (1).

(1) Accense de la grange de la forêt de la Lande, moyennant douze setiers de seigle, 1248 Cart. Aub. L. 1, F. 4. — Accense à Audebert Porretti de Saint-Sébastien des biens situés près de ce village pour 17 setiers de seigle et 4 de froment, etc. 1260, Cart. L. 6. T. 4.— Accense à Guillaume de Copiac, valet, d'une terre du côté de la forêt de Versillac, pour un setier de seigle et un setier d'avoine, 1282. Cart. — *Aubepierre*, Accense d'une terre près Fondonnet pour un setier de froment, 1286, H. 98, original. — Premier arrentemant du village de la Grange pour 12 sols de monnaie courante et 12 sols tournois et 4 setiers de froment, 9 setiers de seigle, 2 d'avoine et 1 de fèves, 1385, Cart. p. 170-174 — « Ancien bail de Champaville » accense, moyennant 40 sols de monnaie courante, 8 setiers de seigle, un de froment, trois d'avoine etc., etc., (ces terres étaient absolument incultes au XIIe), 1453, Cart. 102-107. — *Bonlieu*. L'accense de la grange de Neyrolle est faite, outre beaucoup d'autres charges, (dîmes des blés et cens), pour 42 setiers de seigle, 2 de froment, 9 d'avoine, 1402, H. B, 16 et H. B. 1, copies.

Qu'arriva-t-il ensuite? Il arriva que pour l'ordre de Citeaux, la richesse, ce fut le commencement de la ruine.

Après des péripéties diverses, la *commende* et la *confidence* vinrent au quinzième et au seizième siècle s'abattre sur les biens de nos abbayes comme sur une proie à la merci du routier le plus audacieux ou du courtisan le plus habile. Aubignac fut livré à un soi-disant abbé, Jean de Billon, qui pilla son abbaye, alla se joindre aux « religionnaires » d'Orléans, puis après l'édit d'Amboise revint à son monastère dont il fit un repaire de brigands; Aubepierre fut possédé par le valet du sieur de l'Age-Champroy; Prébenoît et Bonlieu, par des seigneurs du voisinage.

C'était la décadence, et on peut le dire, le châtiment — châtiment mérité par l'oubli des règles fondamentales de l'ordre. — Mais il serait injuste de méconnaître l'utilité de la tâche que pendant deux siècles, du milieu du douzième au milieu du quatorzième, l'ordre de Citeaux a accomplie dans notre pays. D'une part, grâce à son organisation spéciale et si admirablement agencée pour le travail agricole, grâce à la direction éclairée qui de Clairvaux répandait sur chaque abbaye l'expérience acquise par tous, grâce aussi aux capitaux qu'il avait à sa disposition, cet ordre était seul capable de mettre en valeur un sol aussi rude, aussi ingrat, — du moins en apparence —, aussi éloigné des routes commerciales. D'autre part, les terres que les abbayes avaient reçues au douzième siècle étaient divisées à l'excès, et de plus soumises à un nombre prodigieux de redevances; en passant par leurs mains, ces terres se trouvèrent dépouillées pour l'avenir des charges de toutes sortes qui en entravaient la culture et c'est dans cet état qu'elles les remirent aux tenanciers.

Quand les religieux cisterciens ont définitivement cessé leur œuvre comme agriculteurs, dans le cours du quatorzième siècle, la fortune agricole — sur bien des points autrement condamnés à la stérilité — était créée. Elle était si bien créée, et pour longtemps, que les granges des moines, véritables fermes-modèles, accensées — c'est-à-dire, en réalité, données en propriété moyennant une redevance peu élevée, — aux fils de ces ouvriers « mercenaires », de ces

« hommes séculiers » qui en avaient cultivé les terres au déclin du treizième siècle, existent encore, sont devenues de véritables villages, dont plusieurs aujourd'hui se font remarquer par le nombre de leurs habitants et par leur aspect de prospérité.

La Brodière (Lourdoueix-Saint-Pierre), *25 septembre 1893.*

GABRIEL MARTIN.

ERRATA

Page 19, ligne 4, *au lieu de* : remontant, *lire* : descendant.
P. 19, note 3, *ajouter* : Grosmont, commune d'Ajain.
P. 26, l. 22, *au lieu de* : Saint-Etienne, *lire* : saint Etienne.
P. 27, note 1, l. 1 : id. id.
P. 45, l. 6, *au lieu de* : IV, *lire* : VI.
P. 62, l. 5, *remplacer* le point d'interrogation *par* un point final.

APPENDICE

Documents du douzième et du treizième siècle relatifs aux abbayes cisterciennes de la Haute-Marche.

AUBEPIERRE

Aux **Archives départementales de la Creuse**: 1° la *Copie des tiltres de l'abbaye royale de N.-D. d'Aubepierre..., le tout compilé et copié par les soins de Fr. J.-B. Annet de la Celle-Lavis, religieux de ladite abbaye, l'an 1767* (coté H. 95). Ce volume contient, entre autres choses, la copie de six chartes du XIIe s. et de vingt-deux du XIIIe s., dont plusieurs fourniraient des renseignements du plus haut intérêt; malheureusement, cette copie est faite sans intelligence, et bien que dom de la Celle, se défiant de sa science, eût appelé à son secours un archiviste de profession (1), le texte contient les fautes les plus grossières: en résumé, c'est un document qu'on ne peut consulter qu'à titre d'indication: (je le cite ainsi: Cart. Aubep.); — 2° Cinq *chartes originales* du XIIe siècle (deux sont peut-être des premières années du XIIIe) dans les cartons H. 96, H. 18, H. 107, je les cite ainsi: 1° la date, 2° le titre, quand il y a lieu, 3° le n° du carton (2); — 3° Vingt-neuf *chartes originales* (ou *vidimus*) du XIIIe s., dans les cartons H. 96, H. 97, H. 98, H. 100, H. 101, H. 107. — Toutes les pièces concernant le *membre* de Chibert ont disparu: d'après l'acte de partage signé le 25 octobre

(1) « Payé à M. Cluzel, déchiffreur, la somme de dix livres 4 sols pour deux mois et demi qu'il a resté à déchiffrer les anciens tiltres, cy. 10 l. 4 s. (Comptes de 1754). » Cinq livres deux sols par mois à un archiviste!

(2) C'est de la même manière que sont citées les autres chartes d'Aubepierre, ainsi que les chartes des fonds d'Aubignac et de Bonlieu. Les cotes indiquées sont celles établies autrefois par M. Bosvieux, je les donne telles que je les ai copiées, il y a dix ans.

1687 entre « Messire Guillaume le Vasseur, conseiller du Roy, abbé commandataire de l'abbaye Nostre-Dame d'Aubepierre, demeurant à Paris, en l'hostel de Saint-Simon, grande rue la Roüe (Taranne) » et les religieux, l'abbé eut dans son lot la terre et seigneurie de Chibert (Cart. p. 209-213) ; sans aucun doute, les titres lui ont été remis et sont passés ensuite à ses héritiers.

AUBIGNAC

Aux **Archives départementales de la Creuse** : 1° Le *Cartulaire* de l'abbaye d'Aubignac, registre in-folio qui date de 1640, contient la copie de six titres du XII° s. et de quarante-deux du XIII° s. ; cette copie est faite avec le plus grand soin et mérite toute confiance, comme on peut s'en convaincre en collationnant avec les chartes originales que nous possédons encore (coté II. A. 8), (je le cite ainsi : Cart. Aub.) ; — 2° trois *chartes originales* du XII° s., dans les cartons II. A. 1 et II. A. 2 ; — 3° trente-sept *chartes originales* du XIII° s. dans les mêmes cartons, et dans le carton II. A. 4 ; — 4° des copies, faites au XVII° s., de chartes du XII° s. et du XIII° s. dans le carton, II. A. 3.

BONLIEU

Aux **Archives départementales de la Creuse** : 1° Une *charte originale* du XII° s. (carton II. B. 4) ; — 2° vingt-huit *chartes originales* du XIII° s. (cartons II. B. 2, 4, 7, 13, 15) ; — 3° une copie, faite il y a quinze ou vingt ans, de la transcription du *Cartulaire* par Dom Col (voir ci-dessous) ; — 4° de nombreuses copies de chartes, faites au XVII° et au XVIII°, les unes bonnes, les autres mauvaises, éparses dans tous les cartons du fonds de Bonlieu.

A la **Bibliothèque nationale** : 1° la copie du *Cartulaire de l'abbaye de Bonlieu en Marche*, faite par Dom Col au XVIII° siècle, (l'acte le plus récent est de 1253) ; cette copie occupe les pages 1-401 du manuscrit coté : fonds latin, n° 9196, (je le cite ainsi : Cart. Bonl.) (1) ; — 2° *L'histoire de l'abbaye de Bonlieu en Limousin*,

(1) Le numéro du folio indiqué à chaque citation est le numéro

extraicte du Cartulaire, contenant sa fondation, ses biefecteurs, et aultres particularitez, avec la suite des Abbez, avec cette mention en marge du titre « beneficio Francisci le Tonnelier, prioris, anno 1649 » : on trouve dans cette histoire la transcription de quelques actes qui ne sont pas dans la copie du Cartulaire (manuscrit coté : fonds latin, n° 16958, f° 284 à 290 r°).

LE PALAIS

Aux **Archives départementales de la Creuse** : Une copie du *Cartulaire* (voir ci-dessous). Je cite ainsi cette copie : Cart. Pal. ; le folio indiqué ensuite est celui du texte original.

A la **Bibliothèque nationale** : Une transcription du *Cartulaire* faite en 1877 aux frais de M. Peigné-Delacourt, manuscrit coté : Nouvelles acquisitions latines, 225. — C'est sur cette transcription qu'a été faite la copie qui se trouve à Guéret.

Au **British Museum** : Le *Cartulaire* original, il contient 98 folios, manuscrit coté : n° 19887 des Add. ms.

PRÉBENOIT

Aux **Archives départementales de la Creuse** : 1° Deux *chartes originales* du commencement du XIIIe s. ; l'une, qui commence par ces mots : *In nomine Jhesu Christi incipiunt dona illustrium virorum Dolensium*, reproduit en abrégé un assez grand nombre de titres du douzième siècle. Ces chartes qui se trouvaient aux archives départementales de l'Indre ont été remises à celles de la Creuse, il y a environ trente ans, vers 1860 : voici par suite de quelles circonstances elles se trouvaient à Châteauroux. Par arrêt du Conseil d'Etat du 10 avril 1725, toutes les aumônes des communautés situées dans la Généralité de Bourges ayant été

même du folio de l'original, aujourd'hui perdu. En effet, dans sa transcription, Dom Col a eu le soin de reproduire scrupuleusement la disposition matérielle — en particulier, la pagination — du texte qu'il avait sous les yeux. La copie qui existe aux Archives de la Creuse signale aussi en marge la pagination primitive : on peut donc vérifier nos citations sur le manuscrit de Paris ou sur celui de Guéret.

réunies à l'Hôpital général de cette ville et à l'hospice des incurables d'Issoudun, les administrateurs de ce dernier établissement réclamèrent, en 1747, les aumônes de l'abbaye de Prébenoit, prétendant qu'elle était du Berry; les religieux soutenaient qu'ils étaient de la Marche: d'où un procès, qui fut fort long, et pour lequel les religieux envoyèrent de nombreuses pièces à la communauté des procureurs d'Issoudun; les pièces y étaient encore quand la Révolution éclata et furent sans doute envoyées, avec d'autres, au chef-lieu du nouveau département de l'Indre; la plupart se perdirent ainsi que celles que les religieux avaient remises à leur procureur de Paris, pour leurs procès engagés devant le Parlement. Pour comble de malheur, en 1790, sur le conseil du lieutenant-général de la Marche, le prieur de l'abbaye, dom Pierre de Gesnes « avait renfermé les papiers les plus essentiels dans une male (*sic*) qu'il avait fait ensuite transférer à Guéret chès le s[r] Bonniaud » (*Arch. Creuse*, Prébenoit, Inventaire fait par les officiers municipaux le 10 mai 1790). L'abbaye n'avait donc rien à remettre aux archives du département, et toutes ses chartes sont sans doute perdues sans retour. Cependant, on a vu, il n'y a pas longtemps, dans une vente, des pièces relatives à cette abbaye (voir le *Bibliophile Limousin*, octobre 1885); — 2° des copies, faites au XIIIe s., de trois chartes du XIIe s. et du XIIIe s.

A la **Bibliothèque nationale**: Dans le manuscrit coté: fonds latin, n° 17049, on trouve, folios 371 et suivants, un « Extraict des tiltres de l'abaye de Prébenoist » par l'abbé de Villeloin; il y a de très courts extraits, très mal transcrits, de deux chartes du XIIe s. et de vingt-deux du XIIIe s.

G. M.

www.ingramcontent.com/pod-product-compliance
Ingram Content Group UK Ltd.
Pitfield, Milton Keynes, MK11 3LW, UK
UKHW012055240726
13965UKWH00004B/1297

9 782012 897960